Das Sterben der Saurier

D1641169

Das Sterben der Saurier

Erdgeschichtliche Katastrophen

Vincent Courtillot

Übersetzer
Herbert Voßmerbäumer

21 Abbildungen

1999
ENKE
im Georg Thieme Verlag
Stuttgart

Prof. Dr. Vincent Courtillot
Institut de Physique du Globe de Paris
Laboratoire de Paléomagnetisme et Géodynamique
4 Place Jussieu
F-75252 Paris

Prof. Dr. H. Voßmerbäumer
Universität Würzburg
Pleicherwall 1
97070 Würzburg

Die Deutsche Bibliothek – CIP-Einheitsaufnahme
Courtillot, Vincent
Das Sterben der Saurier : erdgeschichtliche Katastrophen / Vincent
Courtillot. Übers. Herbert Voßmerbäumer. - Stuttgart : Enke im
Thieme-Verl., 1999
Einheitssacht.: La vie en catastrophes <dt.>

Titel der Originalausgabe: La vie en catastrophes
– Du hasard dans l'évolution des espèces
Vincent Courtillot
Librairie Arthème Fayard, 1995

© 1999 ENKE im Georg Thieme Verlag
Rüdigerstr. 14, 70469 Stuttgart
Printed in Germany

Umschlaggestaltung: Renate Stockinger
Druck: Gulde-Druck, Tübingen

ISBN 3-13-118371-3

1 2 3 4 5 6

Keine noch so verführerische Wahrscheinlichkeit schütze vor Irrtum; selbst wenn alle Teile eines Problems sich einzuordnen scheinen wie die Stücke eines Zusammenlegspieles, müßte man daran denken, daß das Wahrscheinliche nicht notwendig das Wahre sei und die Wahrheit nicht immer wahrscheinlich.

SIGMUND FREUD (1939)

Der Mann Moses und die monotheistische Religion.
Schriften über die Religion.
Frankfurt (Fischer Taschenbuchverlag, 6300), 1997.

Geleitwort

Die Dinosaurier sind die berühmtesten Fossilien. Vom riesigen *Diplodocus* über den *Pterodactylus* oder den *Triceratops* bis zum furchterregenden *Tyrannosaurus* haben uns alle in der Fantasiewelt unserer Kindheit heimgesucht. Seit mehr als einem Jahrhundert geben diese fremdartigen Fossilien den Wissenschaftlern ein furchtbares Rätsel auf. Ohne Unterbrechung herrschten sie seit 200 Millionen Jahren auf der Erde, im Meer wie in der Luft. An ihren Lebensraum waren sie ausgezeichnet angepaßt, und ihre Körpergröße nahm kontinuierlich zu. Und dennoch sind sie vor 65 Millionen Jahren, an der Grenze Mesozoikum/Känozoikum, plötzlich von der Erde verschwunden. – Warum?

In dem Bemühen, dieses Rätsel zu lösen, haben der Physiker LUIS ALVAREZ und sein Sohn WALTER, ein Geologe, im Jahre 1980 eine Antwort formuliert: „Ein gewaltiger Meteorit ist auf der Erde eingeschlagen und hat sie damit für mehrere Jahre in Finsternis und Kälte getaucht." Sie ließen somit die alte Hypothese von GEORGES CUVIER wieder aufleben, derzufolge die Änderungen fossiler Floren und Faunen an natürliche Katastrophen gebunden waren. Sollte DARWIN mit seiner Theorie der kontinuierlichen Entwicklung der Arten Unrecht gehabt haben?

Die Arbeit der beiden ALVAREZ sollte wie eine Bombe in den ungetrübten Himmel der Paläontologen einschlagen und außergewöhnliche wissenschaftliche Aktivitäten um ihre Hypothese und deren Konsequenzen auslösen. Und schnell sollten sich die Befürworter und die Gegner in den Haaren liegen. War es nach einem Jahrzehnt der Raumfahrt nicht folgerichtig, einen kosmischen Einfluß auf die Entwicklung der Arten geltend zu machen? Würde man im übrigen anerkennen, daß zwei Wissenschaftler, die selbst keine Paläontologen waren, die unumstößlichen Erkenntnisse einer Wissenschaft in Frage stellen? Die Argumente wurden und werden bis heute energisch ausgetauscht.

Über dieses außerordentliche wissenschaftliche Abenteuer berichtet uns VINCENT COURTILLOT. Aber dieser Bericht stammt nicht von einem Zuschauer, war er doch selbst beteiligt! Vielmehr handelt es sich um die Darstellung eines aktiven und kreativen Teilnehmers, der dieses Abenteuer entscheidend mitbestimmt hat – ein Teilnehmer, der mit Geschick und Treffsicherheit eine These verteidigt, dabei aber auch die Argumente der Gegenseite akzeptiert, so sie nur das Sieb seiner unerbittlichen Logik passiert haben.

Dieses Buch liest sich wie ein Roman, und es kommt zu einer unerwarteten Schlußfolgerung. Sie ist unglaublich und dennoch wahrscheinlich. Die Schlußfolgerung macht die Wahrscheinlichkeitsgläubigkeit zunichte, die denen eine wohl bekannte Zuflucht bietet, die die Gewißheit gepachtet haben.

Ich überlasse dem Leser das Vergnügen, den Episoden dieser Saga zu folgen, die gleichsam eine der großen wissenschaftlichen Streitschriften am Ende dieses Jahrhunderts bleiben wird.

CLAUDE ALLÈGRE

Vorwort

Ich möchte hier eine Geschichte erzählen oder vielmehr einen Teil der natürlichen Geschichte unseres Planeten und der Lebewesen, die ihn bewohnen. Mit DARWIN ist die Entwicklung der Arten ins allgemeine Bewußtsein getreten. Man erinnert sich mehr oder weniger deutlich, wie Trilobiten oder Dinosaurier, Seelilien oder jene Mastodonten aussahen, die man irgendwann einmal in den großartigen Dioramen gesehen hatte, die die Museen in der Mitte dieses Jahrhunderts mit Stolz zeigten. Man weiß, daß uns eine vage Verwandtschaftslinie mit diesen phantastischen Tieren verbindet. Sie gehören zu den 99% der Arten, die auf der Erde gelebt haben und dann auf immer verschwunden sind. Warum ist die Mehrzahl dieser Tiere nicht mehr unter uns? Kennen die Paläontologen die Ursachen dieses Aussterbens? Schließlich ist es deren Aufgabenbereich, die fossilen Arten zu entdecken und zu beschreiben. Handelt es sich um seltene oder häufige Phänomene? Haben sie sich schlagartig ereignet, oder aber sind sie vielmehr im Laufe geologischer Zeiten regelmäßig aufgetreten?

Nun, beides trifft zu: Arten verschwinden jedes Jahr, und dieses ereignet sich seit ewigen Zeiten. Aber es gab einige wenige Abschnitte in der Erdgeschichte, während derer sich das Aussterben alter und das Erscheinen neuer Arten erstaunlicherweise auf einen ziemlich kurzen Zeitraum konzentrierten. Welches sind also die Ursachen für diese tiefen Einschnitte in die Entwicklungslinien der Arten? Gerade diese ermöglichten im 19. Jahrhundert die Definition der großen geologischen Ären. Seit nicht einmal zwei Jahrzehnten beginnt sich die Antwort abzuzeichnen: Im Laufe der Geschichte unseres Erdballs haben sich mehrere Male Katastrophen ereignet, die – was zweifellos schwierig zu verstehen ist – wahrhaftige Blutbäder angerichtet und zum Massenaussterben lebender Arten geführt haben. Dieser Begriff der Auslöschung ist, obwohl von größter Bedeutung, von den Biologen im allgemeinen vernachlässigt worden. Deshalb ist es seit ungefähr 15 Jahren die Aufgabe der Geologen zu zeigen, daß außergewöhnliche Auslöschungsereignisse im Laufe geologischer Zeiten wiederholt aufgetreten sind; denn davon legen die Fossilien Zeugnis ab.

Das aus dem 19. Jahrhundert überkommene Denkschema stellt geologische und biologische Prozesse als allmählich, regelhaft und harmonisch ablaufend dar. Für LYELL und DARWIN konnten lediglich die immense Zeitdauer und die Unvollständigkeit der Dokumentation dieser Zeit bisweilen den Eindruck unvermittelter Änderungen hervorrufen. Dieses Schema schien hinweggefegt zu sein, als 1980 eine Arbeitsgruppe unter Leitung des amerikanischen Physikers LUIS ALVAREZ und seines Sohnes WALTER, eines Geologen, ankündigte, daß das Aussterben der Dinosaurier vor etwa 65 Millionen Jahren vom Einschlag eines Asteroiden herrührt.

Kurz darauf wird eine weitere Hypothese vorgestellt, die ebenfalls nicht in Frage stellt, daß eine Katastrophe für die Änderungen verantwortlich war, die die Welt am Ende des Mesozoikums erfahren hat. Danach soll das letzte große Massensterben durch außergewöhnliche vulkanische Eruptionen ausgelöst worden sein, die einen großen Teil Indiens – im Dekkan-Gebiet – mit Laven bedeckt haben.

Damit lebte der Jahrhundert-Streit wieder auf zwischen den Anhängern einer allmählichen Entwicklung (den „Gradualisten"), für die sich an den Grenzen zwischen den geologischen Ären nichts Besonderes abgespielt hat, und den Anhängern der Katastrophen-Theorie. Dieser Streit geht auf LAMARCK und CUVIER zurück und wird jetzt von einem zweiten überlagert: Wenn nun eine Katastrophe stattgefunden hat, kam der Tod dann vom Himmel oder aus den Tiefen unseres Planeten?

Um das zu entscheiden, haben sich Geochemiker und Geophysiker in alle Himmelsrichtungen aufgemacht, um dort Proben zu nehmen und die seltenen Archive zu untersuchen, die aus der Zeit der Katastrophe erhalten geblieben sind. Sie haben sich auf seltene Metalle und Minerale gestürzt, auf Iridium und auf geschockte Quarze, deren fremdartige Namen dem Leser dieses Buches schnell vertraut sein werden, auf Isotope, remanenten Gesteinsmagnetismus und ... ganz einfach auf Fossilien: Hatten alle diese potentiellen Zeugen die Erinnerung an die letzte große Krise bewahrt, die unser Blauer Planet durchgemacht hatte? Könnten wir das Alter dieser Objekte und dieser derart alten Ereignisse mit hinreichender Genauigkeit messen, um den Unterschied zwischen der Dauer eines Impaktes, lediglich einige Sekunden, und einer vulkanischen Eruptionsphase, die Jahrtausende dauern kann, herauszuarbeiten? Wieviele weitere Katastrophen hatten die Geschichte der Erde akzentuiert und die Linie der Entwicklung der Arten unterbrochen und neu orientiert? Hatte das Verschwinden der Trilobiten und der Stegocephalen, das mit dem Ende des Paläozoikums vor ungefähr 250 Millionen Jahren einherging, den gleichen Grund wie das Aussterben der Dinosaurier und der Ammoniten?

Die Suche nach Antworten auf diese Fragestellungen ist ein großes wissenschaftliches Abenteuer. Darüber zu berichten, ist zugleich Vorwand, die großen Entdeckungen der Erdwissenschaften während des letzten Vierteljahrhunderts zu beschreiben. Dabei werden wir uns auf einen Streifzug begeben, der nicht so trocken ist, wie gewisse Lehrbücher bisweilen zwangsläufig sein müssen. Die Breitenwirkung dieser Entdeckungen wird durch den kürzlich erschienenen Roman von PAUL PREUSS bescheinigt: Core (*wörtlich:* der Erdkern). In dieser neuen Reise zum Mittelpunkt der Erde wetteifern – ohne es zu wissen – ein Vater, Physiker, und ein Sohn, Geologe, darum, den Erdmantel anzubohren. Die Geophysik hat nun den Zustand erreicht, in dem sie, mit Liebe und Habgier gebührend gewürzt, dem Jurassic Parc von MICHAEL CRICHTON Paroli bieten kann. Das besagt viel über die vollbrachte Entstaubung dieser Disziplin.

Wir werden uns vertraut machen müssen mit einer anderen Art, das Maß der Zeit wahrzunehmen, und wir werden entdecken, bis zu welchem Grad die unbelebte Welt dynamisch sein kann. Die moderne Chaos-Theorie findet dafür vorzügliche Bilder in ungewohntem Maßstab: spontane Umkehrungen des irdischen Magnetfeldes und die ungewöhnlich majestätische Bildung dieser enormen Instabilitäten, der Manteldiapire [engl. mantle plumes].

Es ist sicherlich die unbelebte Welt, die die großen Umbrüche in der Evolution des Lebens hervorgerufen hat. Der Mond ist über und über mit großen Einschlagkratern bedeckt, die ihn im Laufe seiner Geschichte modelliert haben. Auf der Erde sind diese Erscheinungen durch die Erosion und die kontinuierlich ablaufende Kontinentalverschiebung ausgelöscht worden. Aber haben sie nicht eine Rolle in der Geschichte der Arten gespielt?

Im Jahre 1783 hat eine, insgesamt recht mäßige, Eruption Island verwüstet und das Klima der ganzen Nordhalbkugel durcheinandergebracht. Diese Eruption war aber 100.000 mal schwächer als die großen Laven-Ergüsse, die – insgesamt 10 mal in 300 Millionen Jahren – auf der Erdoberfläche stattgefunden haben. Haben diese nicht das Klima jenseits aller Vorstellungskraft gestört?

Also – Impakt oder Vulkanismus?

Staub und Dunkelheit, schädliche Gase und saurer Regen, dauerhafte Kälte von einer drückenden Hitze abgelöst – das sind Szenarien dieser ökologischen Katastrophen, die, seien sie nun extraterrestrisch oder aber innenbürtig, zu den furchtbaren Vorstellungen eines nuklearen Winters Anlaß gegeben haben. Und erstmalig ist im Laufe geologischer Zeiten eine Art, die unsrige, in der Lage, aus eigener Kraft die Atmosphäre zu verändern – und zwar mit derselben Intensität wie die größten natürlichen Umwälzungen. Und das auch noch viel schneller! Vielleicht ist die Entschlüsselung der vergangenen Katastrophen das einzige Mittel, zukünftige Folgen menschlicher Tätigkeiten bezüglich des Klimas unseres Planeten vorauszusagen.

Diese Geschichte will auch Zeugnis von der aufregenden Welt der wissenschaftlichen Forschung ablegen, ein Beleg des individuellen, wie des gemeinschaftlichen Erlebnisses sein. Die Zufälle, die Mißerfolge, die Neuanfänge und die Erfolge, die die Karriere eines Forschers begleiten, sind nicht ohne eine gewisse Ähnlichkeit mit denen, die in Abständen den Gang der Evolution verändern. Wir werden im Folgenden vom lieblichen Umbrien in Italien auf das Dach der Welt in Tibet, sodann auf die Trapp-Basalte des Dekkan in Indien und schließlich auf die Halbinsel Yucatan in Mexiko reisen. Wir werden scheinbar das Objekt und das Ziel unserer Forschung und die Methoden wechseln. Dabei werden wir den Mißerfolg streifen, der bisweilen glücklicherweise nur kurzfristig ist.

Die Streitereien der Wissenschaftler sind oft barsch, bisweilen unerfreulich, oft faszinierend und immer sehr lehrreich. Sie gehen mit der bisweilen chaotischen Entwicklung von Ideen einher. Sie zeigen uns, wie sich eine Hypothese entwickelt, warum der Forscher zaudert, wie sehr die „Wahrheit" lange Zeit ihren Beleg sucht, um ihn dann auf unerwartete Weise zu finden und sich durchzusetzen. Im Laufe dieses Berichtes hoffe ich, auch an der Begeisterung teilhaben zu lassen und Neigungen erwecken zu können. Mein Vorhaben steht in klarem Widerspruch zu der Äußerung des großen Schweizer Mathematikers LEONHARDT EULER: Als ein Zeitgenosse ihn fragte, warum der Beweis seiner Lehrsätze bei seiner Veröffentlichung in dem Maße umgeschrieben worden sei, daß niemand mehr verstehen konnte, wie er ihn ableiten konnte, antwortete er hochnäsig daß auch ein Architekt niemals sein Gerüst hinter sich zurücklasse.

Impakt oder Vulkanismus? Zusammentreffen beider Phänomene? Dem Leser wird es nicht an Möglichkeiten mangeln, seinen kritischen Verstand in Hinblick auf die neuen Katastrophenmodelle zu üben, die in dieser Untersuchung dargelegt werden. Das Bild eines Puzzle, das SIGMUND FREUD in seinem – diesem Werk als Motto vorangestellten – Satz bemüht, paßt besonders gut zu den Geowissenschaften, in denen das so weit zurückreichende Zeitgedächtnis sehr bruchstückhaft ist. Darauf nimmt KARL POPPER Bezug: „Eine Theorie kann wahr sein, selbst wenn niemand daran glaubt, und auch dann, wenn wir keinen Grund haben, sie zu akzeptieren, oder zu glauben, daß sie wahr ist." Ich für meine Person sehe darin die Ermahnung, von Zeit zu Zeit ganz bewußt einmal die Vorsicht zu vergessen. Entscheidende Fortschritte kann man häufig nur zu diesem Preis erzielen.

Ein neues Konzept entwickelt sich, von STEPHEN GOULD gut illustriert, aus dem erratischen Gang der Evolution. Der Baum, mit dem man oft die Abstammung der Arten darstellt, ähnelt nicht länger einer schönen Eiche. Vielmehr handelt es sich um einen Spalierobst-Baum: die ersten Äste schießen schnell empor und zwar im rechten Winkel zum Stamm, und bald sprießen, mehr oder weniger zahlreich, die Zweige in die Vertikale. Gelegentlich kommt der Gärtner mit der Baumschere und schneidet, so als sei sie verrückt geworden, in einem Rutsch die meisten Äste ab, sogar solche, die vollkommen gesund sind. Diejenigen, die übrig bleiben, haben schlicht und einfach Glück gehabt.

Die Zwangsläufigkeit beherrscht den Prozeß der Evolution in „normalen Zeiten", d.h. während der längsten Zeit. Aber die Rolle des Zufalls ist während der seltenen und kürzeren Zeiten, in denen er zuschlägt, so groß, daß man sich unwillkürlich fragen muß, ob er nicht die Hauptrolle spielt. Ohne Zweifel gäbe es den Menschen nicht, und seine

Umwelt wäre nicht wiederzuerkennen, wenn nicht die Natur und die Ordnung, nach der sich einige unwahrscheinliche Katastrophen ereignet haben, der lebenden Welt einen unauslöschlichen Stempel aufgeprägt hätten.

Paris, Pasadena, Villers, 1994-1995

Es liegt mir sehr daran, denen zu danken, die bereit waren, die ersten Leser dieses Textes zu sein und mir mit ihren Bemerkungen bei der Verbesserung zu helfen: JOSÉ ACHACHE, GUY AUBERT, MICHÈLE CONSOLO, EMMANUEL COURTILLOT, JEAN-PIERRE COURTILLOT, YVES GALLET, JEAN-JACQUES JAEGER, CLAUDE JAUPART, MARC JAVOY, JEAN-PAUL POIRIER UND ALBERT TARANTOLA. FRANÇOISE HEULIN und CLAUDE ALLÈGRE haben mir entscheidende Ratschläge zur allgemeinen Textorganisation gegeben. JOËL DYON hat die Illustration besorgt. Der französische Teil der in diesem Werk dargestellten Forschungen ist von mehreren Universitäten, vom Institut de Physique du Globe de Paris und vom Institut National des Sciences de l'Univers (CNRS) finanziert worden.

Inhalt

Kapitel 1　Massensterben

Kapitel 2　Ein Asteroiden-Impakt

Kapitel 3　Vom Dach der Welt zum Dekkan-Trapp

Kapitel 4　Das vulkanische Szenarium für das Massensterben

Kapitel 5   Manteldiapire und Hotspots

Kapitel 6   Eine bemerkenswerte Korrelation

Kapitel 7   Nemesis oder Shiva

Kapitel 8   Chicxulub

Kapitel 9   Kontroversen und Kongruenzen

Kapitel 10   Unwahrscheinliche Katastrophen und Zufälle der Evolution

Kapitel 1 Massensterben

Kleine Geschichte des Lebens auf der Erde

Die Erde bewegte sich bereits nahezu 4 Milliarden Jahre um die Sonne, als das Leben eine wesentliche Stufe erreichte. Während mehr als 2 Milliarden Jahre hatte es die Form isolierter Zellen, die im Weltmeer schwebten. Dann begannen sich diese Zellen zu ersten Vielzellern zu vereinigen. Das war vor etwa 700 Millionen Jahren[1].

Weitere 100 Mio. Jahre werden genügen, bis in gewissen Organismen ein Skelett aus Hartteilen entsteht, die lange Zeit nach dem Tod in den Gesteinen erhalten bleiben können. Unsere Kenntnis der ehemaligen Lebensformen auf der Erde beruht zum großen Teil auf diesen Fossilien: Sie geben uns für die letzten 600 Mio. Jahre ein viel genaueres Bild als für die vorausgegangenen Milliarden Jahre.

100 Mio. Jahre später bevölkern die Fische die Meere. Nach weiteren 100 Mio. Jahren sind ihre Nachfahren in der Lage, widerstandsfähige Eier zu legen. Mit Lungen ausgerüstet, fassen sich Organismen nun ein Herz, verlassen die Wasserwelt und erobern die bis dahin unbewohnten Kontinente. Vor etwa 260 Mio. Jahren gelingt die „Erfindung" des warmen Blutes, und allmählich gedeihen die ersten Vorläufer der Säugetiere. Zu dieser Zeit, am Ende des Paläozoikums, tragen die Fauna und die Flora alle Anzeichen des Erfolges. Beide sind zahlreich und vielgestaltig sowohl auf dem Meeresboden als auch auf dem festen Land. Und mit einem Schlag, vor 250. Mio Jahren, läßt eine Katastrophe 90% der Arten für immer verschwinden[2]. Dabei müssen, um eine Art in ihrer Gesamtheit auszulöschen, alle zu ihr gehörigen Individuen ohne Nachkommenschaft sterben. Wenn 90% der Arten erlöschen, werden sicherlich auch die verbleibenden 10% hart angeschlagen sein. Tatsächlich sind vielleicht sogar 99% der am Ende des Paläozoikums lebenden Tiere umgekommen. Das ist das bedeutendste aller Massensterben, das uns bis heute bekannt ist.

Aber nicht alle sind gestorben, und die Überlebenden machen sich an die Rückeroberung des Raumes, der ihnen auf unerwartete Weise soeben zur Verfügung gestellt worden ist. Zu dieser Zeit, am Beginn des Mesozoikums, sind Pflanzenfresser (Herbivoren) von der Größe eines Schweins die dominanten Tiere. Sie werden Lystrosaurier genannt. Neben ihnen gibt es große Amphibien und weitere Reptilien, aus denen sich bald die ersten richtigen Säugetiere und die ersten Dinosaurier entwickeln werden. Eine neue Katastrophe, weniger heftig als die vorausgehende, wird die letzten Vorläufer der Säugetiere (Proto-Mammalia), die großen Amphibien und in den Ozeanen fast alle Arten der Ammonoidea[3] dezimieren.

---

[1] Eine Million Jahre wird unsere Maßeinheit für die geologische Zeit. Wir werden sie mit **1 Mio. Jahre** abkürzen.

[2] Die Biologen haben eine hierarchische Klassifikation der Lebewesen aufgestellt, die auf dem Grundgedanken eines Stammbaumes gründet. Diese Taxonomie kennt sieben Ebenen. Sie beginnt mit den Reichen (davon gibt es fünf: Prokaryonten [Bakterien], Protista [Einzeller], Fungi [Pilze], Plantae [Pflanzen], Animalia [Tiere]). Dann folgen die Stämme (davon gibt es 20 bis 30), dann die Klassen, die Ordnungen, die Familien, die Gattungen. Schließlich folgt mit den Arten eine nicht weiter untergliederbare Einheit. Per definitionem umfaßt eine Art lauter Individuen, die sich untereinander vermehren können.

[3] Von deren Nachkommen werden später die Ammoniten abstammen.

Unsere Säugetier-Vorfahren waren klein; sie verbargen sich unter Bäumen, ernährten sich von Insekten und verhielten sich sehr zurückhaltend. Man könnte fast sagen, daß sie sich in Vergessenheit bringen wollten. Das ist in der Tat der wahre Anfang der Herrschaft der Dinosaurier. Die jüngsten Forschungsergebnisse der Paläontologie vermitteln uns ein neues Bild von ihnen: In einigen von ihnen floß möglicherweise warmes Blut. Die großen pflanzenfressenden Sauropodier mit langem Hals, wie der berühmte *Diplodocus*, werden nach und nach von Tieren ersetzt, die mit Hörnern und Entenschnäbeln bewaffnet sind. Sie weideten nicht länger die Baumwipfel ab, sondern lebten von Gras und Büschen. Ihre Freßfeinde sind diese großen, buntgefärbten und lebhaften Fleischfresser, die seit Jahrzehnten den Kindern Freude machen und Filmproduzenten zu Reichtum verhelfen. Die wenigen erträglichen Minuten des Filmes Jurassic Parc zeichnen ein sehr schönes Bild von ihnen.

Vor 65 Mio. Jahren indessen passiert es aufs Neue, daß eine Katastrophe von außergewöhnlicher Tragweite diese Welt zerstört, die doch vollständig angepaßt und ausgeglichen erschien. Damit ist es aus mit den Dinosauriern, zahlreichen Wirbeltieren, aber auch mit vielen anderen Arten des Landes und des Meeres. Darunter befinden sich die berühmten Ammoniten und insbesondere eine beachtliche Zahl von weniger auffälligen und weniger bekannten Arten, die das marine Plankton verkörpern. Insgesamt sind es zwei Drittel der damals lebenden Arten (und vielleicht 80% der Individuen), die für immer ausstarben. Das ist das zweite große Massensterben.

Aber alles fängt wieder von vorne an, und in weniger als 15 Mio. Jahren erscheinen die Vorfahren der Mehrzahl der Tiere, die noch heute unsere Erde bewohnen. Bei einem allmählich kühler werdenden Klima bevölkert seit etwa 40 Mio. Jahren eine Fauna modernen Typs die Erde. Auf die Herrschaft der Dinosaurier folgte jene der Säugetiere, die endlich ihre wichtigsten Rivalen los waren; auf das Mesozoikum folgte somit das Känozoikum.

Massensterben und geologische Ären

Paläozoikum, Mesozoikum und Känozoikum[4]. – Die Namen der geologischen Ären rufen bei Ihnen vielleicht ebenso wie bei mir die Erinnerung an den langweiligen Naturkundeunterricht auf dem Gymnasium hervor. Und dennoch spiegeln sie gleichermaßen die großen Rhythmen der Evolution der Arten und der großen Katastrophen wider, die unseren Globus im Laufe seiner Geschichte erschüttert haben.

Im Jahre 1860 beschloß JOHN PHILIPPS, die drei großen geologischen Ären auf der Grundlage der zwei großen geologischen Einschnitte zu definieren, über die wir gerade berichtet haben. Ihre Entdeckung geht auf GEORGES CUVIER (1769-1832) zurück. Sie unterstreicht nicht nur die Begabung dieses Wissenschaftlers, sondern auch – schon weil man sie so früh erkannt hatte – die außergewöhnliche Tragweite dieser Katastrophen. In deren Verlauf scheinen sich sprunghaft nicht nur die Träger der Evolution, sondern gleichermaßen auch die Spielregeln zu ändern. Die Arten haben wie die Lebewesen, die sie ausmachen, eine Geschichte: Sie entstehen, entwickeln sich und verschwinden eines Tages. Es ist für den Menschen zweifellos nicht leicht, sich das Ende der Art vorzustellen, der er selbst angehört, und ebenso schwer ist es zu begreifen, daß mehr als 99,9% der Arten, die auf der Erde gelebt haben, heute ausgelöscht sind. Der amerikani-

---

[4] Diese drei Begriffe kennzeichnen die Zeitalter des Alten, des Mittleren und des Jungen Lebens. Im Französischen werden daneben auch die Begriffe „Ère primaire, secondaire" und „tertiaire" verwendet.

sche Paläontologe DAVID RAUP vermerkt mit Humor, daß ein Planet kaum sicher ist, auf dem nur eine von 1000 Arten überlebt.

CUVIER beobachtet die Eigenschaften und die Verbreitung der fossilen Reste, die er aus den Gesteinsschichten des Pariser Beckens birgt. Dabei entdeckt er, daß alle Gesteinsschichten jeweils durch eine Vergesellschaftung, eine typische Fauna, gekennzeichnet sind. Vor allem aber begreift er, daß eine große Zahl dieser Arten nicht mehr lebt, erloschen ist. CUVIER schreibt ihr plötzliches Erscheinen göttlichem Einfluß zu und ihr Verschwinden irgendeinem irdischen Ereignis (er spricht von einem „furchtbaren Ereignis"), beispielsweise einer katastrophalen Überschwemmung. So erkennt er die biblische Sintflut im letzten Ereignis wieder, das der modernen Zeit und dem Erscheinen des Menschen vorausgegangen ist. Für ihn würde in der Tat keine der „Wirkungskräfte", die die Natur heute anwendet, „ausgereicht haben, um ihre vorzeitlichen Werke zu vollbringen". Als ihm sein Kollege GEOFFROY SAINT-HILAIRE (1772-1844) im Jahre 1801 mumifizierte Tiere aus Ägypten mitbringt, die zu noch heute lebenden Arten gehören, ist er davon überzeugt, daß die Arten zwischen zwei Katastrophen stabil sind und keine Veränderungen erfahren[5].

Der Aufstieg der Katastrophentheorie

Diese Katastrophentheorie [Kataklysmen-Theorie], der zahlreiche Geologen anhängen, steht in offenkundiger Harmonie mit der alles beherrschenden Theologie; vielleicht ist sie unbewußt auch von den politischen Umwälzungen begünstigt, die das Jahrhundert der Aufklärung abschließen werden. So erkennt ELIE DE BEAUMONT im Jahre 1829 in den Pyrenäen eine wesentliche Phase der Gebirgsbildung zwischen dem Ende des Mesozoikums und dem Beginn des Tertiärs. Und in dieser Heraushebung des Gebirges sieht er den Hauptgrund für das Massensterben der Arten zwischen den beiden Ären. Zahlreiche Naturforscher glaubten zu jener Zeit, daß die Erdgeschichte von Katastrophen durchsetzt war, deren Ursachen bei jedem einzelnen Ereignis durchaus unterschiedlich sein konnten.

Aber seit der Mitte des 18. Jahrhunderts bekämpfte eine andere Schule die Katastrophen-Idee. Sie war – unabhängig und voneinander sehr unterschiedlich – von BUFFON (1708-1788) in Paris und von HUTTON (1726-1797) in Edinburg inspiriert. Sie sah die Ursache für die Breite der beobachteten Phänomene in der Unermeßlichkeit geologischer Zeiten. Noch bevor CUVIER überhaupt geboren war, hatte BUFFON die Idee ursprünglicher Katastrophen zurückgewiesen und der Erde das – damals beeindruckende – Alter von 75.000 Jahren[6] zugesprochen, während der biblische Kalender das Alter der Schöpfung auf lediglich 6.000 Jahre festschrieb. Auch LAMARCK (1744-1829), ein militanter Freidenker, der 25 Jahre älter als CUVIER war, überzeugt sich – ohne das Werk HUTTONS zu kennen – von der langsamen, doch unerbittlichen Dynamik geologischer Prozesse. Niemals verwendet er den Begriff „Evolution". Und doch erkennt er den langsamen Wechsel der Arten: seine Sicht wird von manchen seiner Nachfolger verzerrt werden. Er ist insbesondere davon überzeugt, daß die 3000 Jahre, die uns von den ägyptischen Mumien des GEOFFROY SAINT-HILAIRE trennen, mit Blick auf geologische Zeit-

---

[5] Er wird allerdings gegen Ende seines Lebens zu der Überzeugung kommen, daß die Arten teilweise durch ihre Umgebung geprägt werden und einige der dieserart erworbenen Eigenschaften an ihre Nachfahren vererben können.

[6] Er geht sogar soweit, die zu der Zeit kaum vorstellbare Zahl von 3 Mio. Jahren vorzuschlagen, ohne sie indessen zu veröffentlichen. – Vgl. beispielsweise: BUFFETAUT, E. (1991): Des fossiles et des hommes. – Paris (Laffont).

räume zu vernachlässigen sind. Aber LAMARCK akzeptiert den Gedanken nicht, daß Arten aussterben können. Seiner Meinung nach wandeln sie sich allmählich durch Vererbung um, oder aber sie überleben – was die heute augenscheinlich verschwundenen Arten betrifft – in Wirklichkeit in noch unerforschten Regionen der Erde. Demgegenüber geht sein deutscher Zeitgenosse BLUMENBACH (1752-1840) einen bedeutenden Schritt weiter. Er schlägt eine Synthese der beiden Konzepte für ausgestorbene Arten und diskrete Zeitabschnitte der Natur vor[7]. Er zieht eine lange Abfolge von Zeiträumen in Betracht, für die jeweils bestimmte Faunen kennzeichnend sind, die eine nach der anderen von globalen klimatischen Katastrophen eliminiert werden.

Dort, wo LAMARCK eine außerordentliche Anpassungsfähigkeit der Arten ahnt, sieht CUVIER – im Gegenteil – eine absolute Fixiertheit. Schlau und machtvoll wird letzterer seine Gedanken durchsetzen, zumindest zu seinen Lebzeiten. Erst CHARLES DARWIN wird zeigen, daß die bemerkenswerten Beobachtungen CUVIERs, die ihn merklich beeinflussen werden, zum Teil mit den Theorien vereinbar sind, die dieser bekämpfte. Auch wird er zeigen, daß LAMARCK und GEOFFROY nicht gänzlich auf dem Holzwege waren. Das wird ihn nicht daran hindern, LAMARCK in seiner *„Reise mit der Beagle"* zahlreiche Prankenhiebe zu verpassen. In jenem sehen manche den anderen Begründer der Evolutionstheorie.

Das Aktualitätsprinzip als Erwiderung

Die Katastrophentheorie CUVIERS wird von BUCKLAND in England und von AGASSIZ in den Vereinigten Staaten vehement verteidigt. (Letzterer ist besser bekannt durch seine Arbeiten über die Vereisungen). Aber CHARLES LYELL (1797-1875) übernimmt die Fackel von BUFFON und HUTTON und trägt sie ein wesentliches Stück weiter. In seinen *„Principles of Geology"*, deren erste Auflage 1830 erscheint, widerlegt er das ganze Katastrophenkonzept und postuliert, daß alle beobachteten geologischen Erscheinungen mit heutigen Prozessen zu erklären sein müssen. Er nimmt an, daß diese Prozesse nicht nur ihrer Natur nach nicht verändert wurden – eine These, die man als „Aktualismus" bezeichnet –, sondern auch nicht bezüglich ihrer Intensität. (Diese These trägt fortan den Namen „Uniformitarismus".)[8] Lediglich durch die unvorstellbare Dauer geologischer Zeiten läßt sich das Ausmaß der beobachteten Phänomene erklären: Erosion von Tälern, Heraushebung von Gebirgen, Ablagerungen in weiten Sedimentbecken, Bewegungen an Störungen im Gefolge von Erdbebenschwärmen – und Massensterben der Arten. Wie er es selbst ausdrückt, gibt es keine Überlieferung aus den Anfängen der Zeit, und niemals wird es ein Ende geben: In dieser Welt des Gleichgewichtszustandes gibt es keinen Platz für die Evolution. Er war ein Freund von CHARLES DARWIN, und seine Arbeiten sollten diesen maßgeblich beeinflussen. Dennoch wird er sich schwer tun, die Vorstellung von der Dauerhaftigkeit der Arten zurückzuweisen. Bis 1860 stellt er sich vielmehr eine zyklische Geschichte für die Erde und für die sie bewohnenden Lebensformen vor. DARWIN seinerseits erachtet nichts für erstaunlicher als diese wiederholten Auslöschungen. Diese erklärt er mit den langen Zeitabschnitten ohne Ablagerung. Alle Beobachtungen die für die Katastrophentheorie sprechen könnten, sind von DARWIN diskret beiseite geräumt und auf die Unvollständigkeit geologischer Überlieferung geschoben worden.

---

[7] In: BUFFETAUT (1991), vgl. Fußnote 6.

[8] Für die beiden Begriffe „Aktualismus" und „Uniformitarismus" verwenden die Angelsachsen lieber „uniformitarianism" und „substantive uniformitarianism". Vorsicht vor möglichen Verwechslungen!

Der Beginn des 19. Jahrhunderts erlebt eine bisweilen heftige Auseinandersetzung zwischen den Schulen der Katastrophentheorie und des Aktualismus. Dieser theoretische Streit wird die Entwicklung der Geologie nicht aufhalten. Eher ist das Gegenteil der Fall. Die Sicht LYELLS wird letztendlich siegen und die Begründung der Zweige der heutigen wissenschaftlichen Geologie ermöglichen. Diese sind tatsächlich noch tief in der Denkweise der Geologen verankert, obschon uns die jüngste Geschichte mit den Konzepten der Evolution und der Dynamik vertraut gemacht hat und obgleich das Katastrophenkonzept geradezu wiedererstanden ist.

Atomkrieg, Überbevölkerung, Hungersnöte, Wüstenbildung, Treibhauseffekt, Ozonloch – das sind so viele wirkliche oder vermutete Bedrohungen, die uns in Schrecken versetzen und die uns von allen unseren Medien um die Wette vorgehalten werden, Unglückspropheten eines ruhelosen Jahrtausend-Endes. Läuft der Mensch Gefahr, als Opfer seines Wahnsinns oder einer aus den Fugen geratenen Natur zu verschwinden? Wenn die Gegenwart, wie es sich LYELL vorstellte, unser Schlüssel zum Verständnis der Vergangenheit sein sollte, dann birgt in der Tat eben diese Vergangenheit in sich die Schlüssel zu einem besseren Verständnis unserer Gegenwart und vielleicht für eine Sicherung unserer Zukunft – wenn auch bisweilen sorgfältig versteckt.

Der Maßstab geologischer Zeiträume

Um aber diese Schlüssel zu entdecken, bedarf es der Maßstäbe. Man muß die Zeit messen. Schritt für Schritt ist seit dem 19. Jahrhundert, seit LYELL, eine Geschichte der Erdzeitalter aufgebaut worden, die noch heute ständig verbessert wird. Die Paläontologen und die Stratigraphen haben gelernt, die Bedeutung regionaler und globaler Änderungen der Fauna und der Flora zu erkennen, ihre mehr oder weniger große Reichweite zu messen, ihren mehr oder weniger kontinuierlichen Rhythmus zu bestimmen. Auf diese Weise haben sie einen Zeitmaßstab erstellt, und sie sind ständig dabei, ihn zu verfeinern (Abb. 1) – mit seinen Ären, Systemen, Serien (Epochen), Stufen und Zonen. Die zweite Hälfte des 20. Jahrhunderts hat die absolute Messung dieser Zeit gebracht. Seither können Geochemiker und Geochronologen sie auf der Grundlage des radioaktiven Zerfalls zahlreicher Elemente des Periodensystems bestimmen. In jüngster Zeit haben die Geophysiker in der Lava am Grund der Tiefsee und dann auch in den auf den Kontinenten ausbeißenden Sedimentgesteinen lange Sequenzen spontaner Polaritätswechsel des Erdmagnetfeldes entdeckt. Diese Inversionen sind häufig; sie treten in unregelmäßigen Zeitabständen auf, sie können auch sehr kurz aufeinander folgen. Sie erlauben, einmal entdeckt, eine außerordentlich genaue zeitliche Korrelation von Gesteinsschichten über große Entfernungen und sind somit für die Altersbestimmung sehr nützlich[9].

Heute verfügt man über eine absolute geologische Zeitskala, insbesondere für den fossilführenden Teil der Erdgeschichte (d.h. größenordnungsmäßig die letzten 600 Mio. Jahre). In der kurzen Beschreibung der Geschichte des Lebens auf der Erde, die dieses Buch einleitet, haben wir mit Hunderten von Millionen Jahren jongliert. Von nun an ist es in der Tat unumgänglich, sich an diese sehr lange Einheit des Zählens, wie sie eine Million Jahre darstellt, zu gewöhnen. Häufig rechnet man die Dauer der Erdzeitalter auf in einiges Jahr um[10]. Es scheint auch ganz erhellend zu sein, daß unser Planet vor unge-

---

[9] Wir werden in den Kap. 2 und 3 hierauf zurückkommen.

[10] Das Mesozoikum umfaßt nach diesem Bild also nur zwei Wochen des letzten Monats des Jahres, vom 11.–26. Dezember. Dann beginnt das Tertiär. Die Art Mensch erscheint am 31. 12. um 14 Uhr, und die Pyramiden werden erst 30 Sekunden vor Mitternacht erbaut.

fähr 4,5 Milliarden Jahren entstanden ist, daß die Dinosaurier vor 65 Mio. Jahren verschwunden sind, daß unser Vorfahre Lucy vor etwa 3 Mio. Jahren gelebt hat. Wir sollten aber auch wissen, daß das letzte Maximum der Eiszeit 20.000 Jahre zurückliegt.

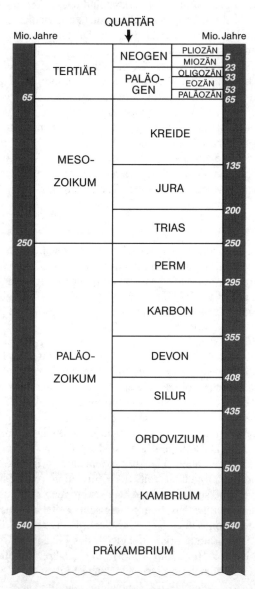

Abb. 1 Geologische Zeitskala mit den wesentlichen Untergliederungen der Erdgeschichte seit dem Kambrium (die Altersangaben in Millionen Jahren).

Schließlich unterscheiden sich die Szenarien, die sich bei der Beschreibung der Phänomene am Ende des Mesozoikums auf der Erde gegenüberstehen, in der Zeitspanne: Für einige Leute dauerten sie ein paar Millionen Jahre und für andere nur wenige Sekunden. Von dieser Sekunde bis zum Alter der Erde wird der Leser fröhlich 17 Größenordnungen überspringen müssen[11].

Phasen „normalen" Aussterbens oder Massensterben?

Es gibt einige sehr seltene „lebende Fossilien", wie z.B. den Fisch *Coelacanthus* oder die schönen Gingko-Bäume. Davon abgesehen, das wissen die Paläontologen, hat die Mehrzahl der Arten insgesamt eine ziemlich kurze Lebensdauer, wenn man die o.a. Elle anlegt: Nach einer mehr oder weniger langen Periode der Stabilität enden sie durch Aussterben. Diese Lebensdauer einer Art erstreckt sich über einige 100.000 bis zu einigen Mio. Jahren; der Mittelwert liegt je nach Gruppe zwischen 2 und 10 Mio. Jahren. Innerhalb derselben Arten-Gruppe ist die Wahrscheinlichkeit des Aussterbens während langer Perioden merklich konstant (sie hängt also nicht von der Altertümlichkeit der Art ab). Sie ist sehr viel größer während kürzerer „Revolutionen"[12]. Man nimmt an, daß die Aussterbe-Ereignisse während der „ruhigen" (oder „normalen") Phasen auf die normale Entwicklung der Arten im Inneren einer Gemeinschaft in stetiger Wechselbeziehung zurückgehen, während die „Revolutionen" auf einer milieuabhängigen Veränderung der Lebensbedingungen beruhen. So wird die Entwicklung gewisser Säugetier-Gruppen im Laufe des Tertiärs durch Änderungen der Meeresströmungen und des Klimas geprägt. Deren Ursachen sind zum Teil in den berühmten Milanković-Zyklen[13] zu suchen, zum Teil auch in Veränderungen der Ozeanbecken, die durch die unaufhörliche Wanderung der Kontinente hervorgerufen werden[14].

Aber, wie wir gesehen haben, beschränkt sich die Geschichte der biologischen Evolution nicht auf diesen üblichen Trott „normaler" Auslöschungsphasen. Seltener kommt es zu diesen Phasen massiven Aussterbens, in deren Verlauf sehr zahlreiche Arten aus der Mehrzahl der Gruppen nahezu gleichzeitig verschwinden. Dabei handelt es sich um eine Gleichzeitigkeit, die durch Zufall allein nicht zu erklären ist. In dieser Hinsicht sind die beiden auffallendsten Ereignisse diejenigen, die den Übergang vom Paläozoikum zum Mesozoikum und dann vom Mesozoikum zum Känozoikum markiert haben. Um das Alter, die Dauer und die Tragweite dieser Ereignisse zu bestimmen, haben DAVID RAUP und JOHN SEPKOSKI die Daten des ersten Auftretens und des Verschwindens von mehreren tausend Familien[15] und von mehreren zehntausend Gattungen mariner Invertebraten

---

[11] Das entspricht 10^{17}, anders ausgedrückt, einer 1 mit 17 Nullen oder 100 Mio. Milliarden.

[12] Siehe: JAEGER, JEAN-JACQUES (1995): Les Fossiles et les leçons du passé. – Paris (Odile Jacob).

[13] Die von den Riesenplaneten wie Jupiter und Saturn ausgeübte Anziehungskraft beeinflußt auf fast periodische Art und Weise die Schiefe der Rotationsachse der Erde und die Exzentrizität (d.h. den Grad der Ellipsenform) ihres Umlaufes. Der Mond und die Sonne andererseits üben Kräfte aus, die eine Präzession ihrer Rotationsachse induzieren. Die diesen Entwicklungen entsprechenden Periodizitäten betragen ungefähr 40.000 Jahre (Schiefe), 400.000 Jahre und 100.000 Jahre (Exzentrizität) und 25.000 Jahre (Präzession). Die Sonneneinstrahlung, die in Abhängigkeit von der geographischen Breite und den Jahreszeiten schwankt, wird auf diese Weise mit denselben langen Perioden moduliert. Man ordnet diesen Milanković-Zyklen die Modulation der Eiszeiten im Laufe der letzten Million Jahre zu (die letzte hatte vor 12.000 Jahren ihr Maximum) und auch die in älteren Sedimenten aufgezeichneten Klimaschwankungen.

[14] Vgl. ALLÈGRE, CLAUDE (1983): L'Écume de la Terre. – Paris (Fayard).

[15] Vgl. Fußnote 2.

zusammengetragen. Die Variation der Zahl der Familien (untere Kurve in Abb. 2) vermittelt eine quantitative Anschauung von dieser Entwicklung der Vielfalt, die wir qualitativ weiter oben gezeichnet haben. Sie zeigt zu Beginn des Paläozoikums einen sehr schnellen Anstieg. Der geht nicht allein auf die tatsächliche Diversifikation der Arten zurück, sondern auch auf die Tatsache, daß diese fortan Hartteile produzierten. Über 200 Mio. Jahre bleibt die Vielfalt offenkundig konstant. Ausnahmen stellen zwei Krisen dar, die eine bei etwa 440 Mio. Jahren (an der Grenze Ordovizium/Silur) und die andere um 370 Mio. Jahre (während des Oberdevons). Aber das wirklich Entscheidende ist diese große Katastrophe am Ende des Paläozoikums vor 250 Mio. Jahren, an der Grenze Perm/Trias. Daher rührt die Bezeichnung Perm/Trias-Krise, die wir im Folgenden verwenden werden. Das Leben oder vielmehr die Artenvielfalt nimmt anschließend wieder schnell zu; sie unterliegt einer neuen Krise an der Grenze Trias/Jura (210 Mio. Jahre), überschreitet den während des Paläozoikums erreichten Wert und erlebt dann ihre zweite größere Krise, die, wie wir gesehen haben, das Ende des Mesozoikums markiert: Das ist die berühmte Kreide/Tertiär-Grenze[16].

Nach dieser Krise nimmt die Vielfalt der Arten aufs Neue sehr schnell zu, dann seit 30 Mio. Jahren langsamer, um jüngst den höchsten Wert seit Beginn des Lebens auf der Erde zu erreichen. Die großen Katastrophen werden noch deutlicher, wenn man die Auslöschungsrate in bezug auf die Zahl der Familien betrachtet, die in einem bestimmten Zeitintervall lebten (Abb. 2, oben). Deren Auslöschungsrate unterliegt schnellen Schwankungen, wenngleich von geringer Breite, um einen Mittelwert. Dieser nimmt im Laufe der Zeiten gleichmäßig ab. Ein Teil dieser Fluktuationen resultiert zweifellos aus Irrtümern oder Unsicherheiten in den Beobachtungen; aber der wesentliche Teil spiegelt nur die sog. „normale" Auslöschungsrate wider (in der Größenordnung von einer Familie in 1 Mio. Jahre). Davon sprachen wir weiter oben. Man sieht, daß sich fünf Peaks über dieses „Hintergrundrauschen" herausheben, die den fünf bereits erwähnten größeren Krisen entsprechen. Für RAUP wurden so lange Phasen einer „großen Langeweile" episodisch durch kurze Augenblicke von unergründlicher Panik unterbrochen. Man kann sich im übrigen fragen, ob diese Augenblicke wirklich anderer Art sind als die anderen Perioden mit „normaler" Auslöschung, oder ob sie sich nur durch ihre Intensität unterscheiden. Sie würden dann also nur einen Teil eines Kontinuums bilden, so wie ein Jahrhundert-Hochwasser im Rahmen der beobachteten Hochwässer oder das „Erdbeben des Jahrhunderts" im vollständigen Katalog der „normalen" Erdbeben.

Die Ungenauigkeit der sedimentären Überlieferung

Die Paläontologen sind weit davon entfernt, sich über die Dauer, geschweige denn über die Natur der großen Umbrüche der Ökosysteme einig zu sein. Jedes Krisen-Szenarium, das die Geologen seit 150 Jahren zu entschlüsseln versuchen, muß sich auf Beobachtun-

---

[16] Der Begriff **Tertiär** wurde 1759 von dem italienischen Geologen ARDUINO eingeführt. Er beschrieb unter diesem Namen relativ wenig verfestigte und gering deformierte Gesteine, während die darunter liegenden „sekundären" Gesteine ganz einfach stärker verformt und fester waren und das in einigen nahen Bergen aufgeschlossene „primäre" Grundgebirge noch intensiver beansprucht war (vgl. Fußnote 4). Im Jahre 1833 unterteilt LYELL das Tertiär und nennt seine unterste Serie „Eozän". Einige Reinfälle werden zur Einführung des „Paläozän" führen, das zunächst als unterer Teil des Eozäns und später als eigenständige Serie des Tertiärs betrachtet wird. Die **Kreide**, letztes System des Mesozoikums, ist von D'HALLOY im Jahre 1822 eingeführt und nach dem Gestein Kreide benannt worden, aus dem sie in NW-Europa häufig besteht. Tatsächlich weiß man heute, daß die Kreide/Tertiär-Grenze in den beiden Gebieten, wo diese Systeme definiert worden waren, ganz einfach fehlt. Ob die entsprechenden Schichten nun niemals abgelagert oder ob sie anschließend durch Erosion abgeräumt worden sind, bleibt unbekannt. Dieser geologische Zeitraum ist dort nicht dokumentiert. Wir werden im übrigen sehen, daß diese Grenze nicht leicht zu definieren und häufig auch nicht genau zu beobachten ist.

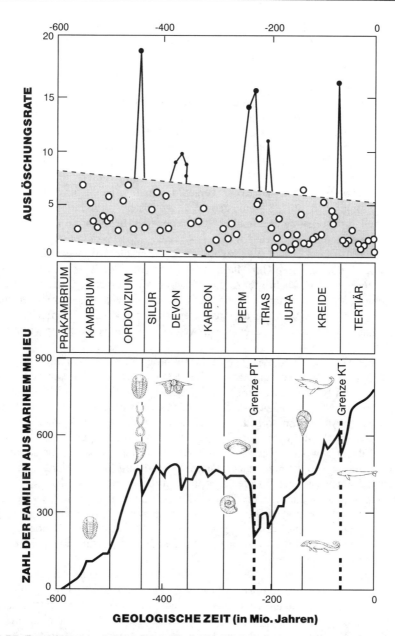

Abb. 2 Die Entwicklung der Artenvielfalt im Laufe der Zeit ist hier durch die Zahl der Familien mariner Organismen repräsentiert, die von den Paläontologen fossil gefunden wurden (unten); die Variation der Aussterbe-Rate im Laufe der Zeit zeigt die fünf großen biologischen Krisen (oben) (nach RAUP & SEPKOSKI).

gen stützen, die so klar quantifiziert, präzisiert und so vollständig wie möglich sein müssen. Ein Massensterben kann durch seine Dauer, seine Intensität (Auslöschungsrate) und seine Breitenwirkung (Verschiedenartigkeit der ausgelöschten Gruppen) gekennzeichnet werden. Bei der Bestimmung dieser Parameter sind wir von der Qualität der Aufzeichnung dieser ganzen Geschichte in den Sedimentgesteinen abhängig. Wir werden bald sehen, daß die wesentlichen miteinander rivalisierenden Szenarien von einem jeweils ziemlich unterschiedlichen Bild der Auslöschungs-Ereignisse ausgehen.

Die Paläontologen stellen die Lebensdauer einer Art (oder einer Familie oder Gruppe) durch einen Strich auf der Zeitachse dar. Tatsächlich handelt es sich dabei um die Mächtigkeit der Sedimentgesteine innerhalb eines stratigraphischen Profils, in denen diese Art gefunden worden ist. Diese Beobachtungen sind zumeist unvollständig, und ihre Ausdeutung bietet Anlaß zu Kontroversen. Deshalb konnten für mehrere Grenzen zwischen geologischen Stufen wenigstens drei Szenarien vorgeschlagen werden. Zunächst gibt es das Modell eines allmählichen Überganges, bei dem die Arten regelmäßig eine nach der anderen verschwinden und erscheinen. Diese Vorstellung wird von den Anhängern des Uniformitarismus verteidigt. Diese sehen darin zum Beispiel das Ergebnis langsamer Veränderungen (im Maßstab von etwa 10 Mio. Jahren) des Klimas oder aber des Meeresspiegels. Dann gibt es das Modell einer spontanen, katastrophenartigen Auslöschung zahlreicher Arten, worauf rasch wieder neue Lebensformen erscheinen. Schließlich bleibt das ruckartige, das sog. Treppenstufen-Modell. Hiernach lösen sich mehrere schnelle Ereignisse ab, allerdings jeweils weniger intensiv als im vorausgehenden Modell.

Die Erhaltung der Fossilien bzw. der Schichten, in denen sie vorkommen, ist in Wirklichkeit stark vom Zufall geprägt. Hat man im Gelände das letzte Vorkommen einer Art in einem gewissen Niveau eines Profils festgestellt, bedeutet das keine Sicherheit dafür, daß dieses Niveau wirklich der Auslöschung entspricht. Je größer die mittlere Größe von Individuen einer Art ist, um so seltener sind diese Individuen im allgemeinen: Es gibt weniger Elefanten als Mäuse, nur der Mensch, der sich auf dem ganzen Globus ausbreitet, stellt in einem gewissen Maße eine Ausnahme dar. Die Fossilien der großen Arten sind also selten, und nie ist man sicher, daß nicht eine sorgfältigere Untersuchung dazu führen würde, einen weiteren Vertreter in jüngeren Schichten zu finden. Verschiedene Sedimentations-Phänomene können dieses Bild noch komplizierter machen. So können die Fossilien durch Erosion aufgearbeitet und in größerer Entfernung in einer Rinne inmitten jüngerer Schichten resedimentiert werden. Auf dem Meeresboden grabende Organismen können Mikrofossilien aus dem Substrat, das sie durchwühlen, über eine gewisse Mächtigkeit umverteilen.

Der Sedimentationsprozeß verläuft nicht kontinuierlich: die Sedimentationsrate kann sich deutlich und gewissermaßen spontan ändern. Das ist beispielsweise der Fall, wenn ein Schlammstrom, ein Hangrutsch oder aber ein Suspensionsstrom eine langsamere Sedimentation unterbricht. Die Sedimentation kann ganz einfach für eine mehr oder weniger lange Zeit aufhören, und schließlich kann die Erosion eine ganze Sedimentscheibe endgültig aus der Zeit-Registratur verschwinden lassen. Aus diesen Gründen ist die Zeit in den Gesteinen sehr unregelmäßig aufgezeichnet[17]: Eine einfache Lücke in der

---

[17] Der unvollständige und episodische Aspekt der Sedimentation zeigt sich gut, wenn man die Schwankungen der Sedimentationsrate als Funktion der jeweils gewählten Zeiteinheit betrachtet. Im kleinen Maßstab erscheinen zahlreiche Sedimentationslücken, während die Sedimentationsraten zu Zeiten aktiver Sedimentation erhöht sind. Im größeren Maßstab erscheint die mittlere Rate zunehmend kleiner. Das Gesetz, das diese beiden Größen miteinander verbindet, ist exponentieller Art und kennzeichnet die Prozesse der Selbstähnlichkeit und die von B. MANDELBROT eingeführten „Fraktale". [vgl. BRIGGS, J. & PEAT, F. D. (1989/1993): Die Entdeckung des Chaos. – München (dtv, 30349)]. Die Verteilung der Löcher in der Schichtenfolge hat bei allen Maßstäben das gleiche

Sedimentation wird eine Phase allmählicher Auslöschung als ein offenkundiges Massensterben erscheinen lassen.

Nehmen wir ein spitzfindigeres Beispiel: Eine unvollständige Probennahme wird ein spontanes Aussterben als ein Phänomen allmählichen Zuschnittes erscheinen lassen: Sehr seltene Arten können von einzelnen Beobachtern leicht „verpaßt" werden und somit das Bild eines viel früheren Aussterbens als in der Realität hervorrufen. RAUP stützt sich im folgenden Beispiel auf die bemerkenswerte Ammoniten-Sammlung von PETER WARD aus Zumaya in Spanien. Er hat daran gezeigt, wie unterschiedlich weit reichende Schichtlücken sowohl plötzliche, als auch allmähliche Auslöschung vortäuschen können. Kurz gesagt: Eine kontinuierliche Sedimentfolge und eine repräsentative Aufzeichnung sind eine „Ringeltaube", und derartige Lokalitäten werden zu Wallfahrtsorten der internationalen Gemeinschaft der Geowissenschaftler. Im Falle der Kreide/Tertiär-Grenze sind die Profile von Stevens (oder Stevns) Klint in Dänemark, von Gubbio in Italien, von El Kef in Tunesien und von Brazos River in Nordamerika durch wiederholte Probennahmen in regelrechte Schweizer Käse verwandelt worden. Und einige dieser Profile, die erst seit etwa 10 Jahren als kontinuierlich angesehen wurden, scheinen in Wirklichkeit doch Sedimentations-Unterbrechungen aufzuweisen, die nicht gleich erkannt worden waren. Man muß sich dieser grundsätzlichen Grenzen der Qualität stratigraphischer Überlieferung bewußt sein. Sie werden nicht nur für unsere Ausdeutung der Fossilverteilung Folgen haben, sondern auch für viele physikalische und chemische Indikatoren, über die wir in den folgenden Kapiteln sprechen werden. Daraus resultiert eine gewisse Vorsicht: Es ist nicht seriös, den Gehalt an Iridium, C-Isotopen und geschockten Quarzen oder die Magnetisierung einer Probe sehr aufwendig und genau zu bestimmen, wenn man die Probe im Gelände nicht sorgfältig eingemessen und in ihren sedimentären und stratigraphischen Rahmen gestellt hat. (Wir werden auf diese Messungen im folgenden zurückkommen).

Die letzte große Krise

Je weiter man versucht, in der Zeit zurückzugehen, um so mehr macht sich die Wirkung unserer geologischen Kurzsichtigkeit bemerkbar. Die Hinweise werden zunehmend fragmentarischer und sind immer schwieriger zu entziffern. Wir wollen deshalb mit dem Mysterium beginnen, das am wenigsten weit zurückliegt, und dessen Spuren vollständig auszulöschen, der Schuldige noch keine Zeit gehabt hat: Ich möchte über die Kreide/Tertiär-Krise sprechen. Was lehren uns also die Paläontologen über diese letzte große Krise, die den Planeten heimgesucht hat?

Und – um damit anzufangen – was hat es mit den berühmten Dinosauriern auf sich, diesen aus dem Nichts aufgetauchten Drachen, die weiterhin erstaunliche Wogen öffentlichen Interesses hervorrufen, offensichtlich aber auch das Interesse oder das Vergnügen größerer Volksmengen? Es gibt Kollegen, die das letzte geborgene Fossil für deutlich älter als die Kreide/Tertiär-Grenze halten – vielleicht 200.000 Jahre; andere halten es für 200.000 Jahre jünger! Aber die „Belege", die aus den Vereinigten Staaten, aus Montana, kommen, sind heiß umstritten: Die Fossilien könnten dort durch eine wesentlich spätere geologische Umlagerung aus dem geologischen Context gerissen worden sein. Tatsäch-

---

Erscheinungsbild. Bezeichnenderweise liegt die mittlere Sedimentationsrate in der Größenordnung von cm/1000 Jahren bei Betrachtung eines 1-Mio.-Jahre-Zeitraumes. Sie wechselt indessen zu mehreren Metern/1000 Jahre im Jahrtausend-Maßstab.

lich sind die Überreste der größten dieser Tiere selten, und das noch sehr verschwommene Bild ihres Aussterbens wechselt von einem Kontinent zum anderen. Im Gelände liegt bisweilen eine große Distanz zwischen dem letzten Vorkommen der Dinosaurier und dem ersten Auftreten der Wirbeltiere des Tertiärs. Bisher ist es nicht möglich, die Gleichzeitigkeit des Verschwindens der letzten großen Saurier sicher festzuschreiben. Das Bild, dem mittlerweile zahlreiche Paläontologen zuzustimmen scheinen, ist das eines allmählichen Schwindens der Arten-Vielfalt von Dinosauriern während der letzten Millionen Jahre des Mesozoikums. Zweifellos beschleunigte sich dieser Prozeß während einiger 100.000 Jahre vor der Grenze. In bezug auf diese Fossilgruppe kann man also (noch) nicht ernsthaft von einem plötzlichen Massensterben sprechen.

Weitere terrestrische Wirbeltiere sind betroffen worden – unter ihnen die fliegenden Reptilien und die Marsupialia. Aber die Süßwasserfische und die Amphibien, die Schildkröten und die Krokodile, die Schlangen und die Eidechsen sind kaum betroffen worden. Und die lebendgebärenden Säugetiere, deren Schicksal uns besonders angeht, da unsere Vorfahren dazugehörten, haben überlebt. In den Meeren stirbt eine Gruppe großer Reptilien aus, die Mosasaurier; mehr als die Hälfte der Haie und der Rochen verschwindet; aber der Rest überlebt. Im allgemeinen sind es die größeren Tiere und die mit höherer Spezialisierung, die verschwinden, während die kleineren und die „Generalisten" davonkommen[18]. Diejenigen mit der weitesten geographischen Verbreitung in den unterschiedlichsten Naturräumen überleben besser als die anderen.

Die Entwicklung der Pflanzenwelt in der Nähe der Kreide/Tertiär-Grenze erscheint undurchsichtig. Einige Forscher sprechen von einem allmählichen Niedergang, der einige Millionen Jahre zuvor begonnen hat; andere legen besonderen Wert auf die in Nordamerika gemachte Entdeckung eines ungewöhnlichen Reichtums an Farnsporen. Diese „opportunistischen" Pflanzen sind die ersten, die einen Wald nach einem Brand zurückerobern. Sie könnten die Rückeroberung einer verwüsteten Welt anzeigen, von der man weiß, daß aus ihr viele Blütenpflanzen, die Angiospermen, verschwunden sind. Aber einige 100 km weiter nördlich, in Kanada, findet man keine Spur dieses „Farn-Gipfels" mehr, und die Auswirkungen des Massensterbens erscheinen sehr gedämpft.

Der französische Paläontologe ERIC BUFFETAUT besteht auf diesem selektiven und nicht-einheitlichen Aspekt der Auslöschung im kontinentalen Bereich. Eine schwerwiegende Klima-Verschlechterung oder ein einfacher Größen-Effekt – die Größten wären ausgestorben – können in seinen Augen, für sich genommen, nicht alleiniger Auslöschungsgrund sein: So haben die Krokodile, die ihm zufolge ebenso kälteempfindlich wie die Dinosaurier sind, überlebt. Große Krokodile haben „die Grenze überschritten", welche zahlreiche kleine Marsupialia nicht überqueren konnten. BUFFETAUT stellt fest, daß die Süßwasser-Gemeinschaften nicht allzu sehr gelitten haben, und daß es die großen Pflanzenfresser waren, die verschwanden. Deshalb schlägt er vor, daß eine Krise des Pflanzenreiches die Nahrungsketten unterbrochen und auf diese Weise die pflanzenfressenden Dinosaurier und damit auch ihre fleischfressenden Räuber dezimiert hat. Die kleinen fleischfressenden Wirbeltiere, die Insektenfresser oder Allesfresser und die Organismen im Süßwasser, deren Nahrungskette nicht auf der Pflanzenwelt gründete, haben somit überlebt.

Der Amerikaner ROBERT BAKKER, ein origineller und umstrittener Spezialist für Dinosaurier, verteidigt seinerseits seit langem den Gedanken, daß ein Großteil dieser Saurier Warmblüter war. Das gelte insbesondere für die größten und aktivsten unter ihnen.

---

[18] Diese Sicht der Paläontologen scheint nicht auf Ärzte anwendbar zu sein.

Der Vergleich mit den Krokodilen und anderen kaltblütigen Tieren wäre somit nicht mehr aufrecht zu halten. BAKKER denkt, daß das Aussterben seiner bevorzugten Tiere ein längerwieriges Ereignis war, das ganz einfach auf den niedrigen Meeresspiegel am Ende der Kreide zurückzuführen ist. Somit war den mobilsten Arten, denen, die am meisten Energie verbrauchten, die Möglichkeit geboten, über große Distanzen zu wandern. Damit waren sie aber auch einem vergrößerten Risiko ausgesetzt, an Krankheiten zu sterben, gegen die sie nicht resistent waren. Die kleineren Tiere – unter ihnen unsere Vorfahren – oder die weniger mobilen Kaltblüter hätten sich ihrerseits kaum weit von ihrem ursprünglichen Lebensraum entfernt. Dieser Gedankengang geht auf OWEN (1804-1892) zurück, einen der Väter der Dinosaurierforschung. Dem war die Verwüstung aufgefallen, die in Afrika durch die eingeschleppte Rinderlepra verursacht worden war bzw. in Australien durch die Karnickel – zum Schaden der Känguruhs.

Aber die paläontologische Bestandsaufnahme auf den Kontinenten reicht, für sich genommen, nicht aus, um die Dauer der Krise oder ihre wesentlichen Ursachen zu bestimmen. Wie soll man den Einfluß von lithologischen Wechseln bewerten bzw. den des Erhaltungszustandes der Sedimente (bis zum völligen Fehlen bestimmter Zeitabschnitte)? Wie soll man bestimmen, ob diese oder jene Beobachtung von lokalem, regionalem oder globalem Wert ist? Wie soll man den räumlichen und zeitlichen Maßstab untersuchen, wie die Ursachen für Krisen, Schwankungen des Klimas oder des Meeresspiegels?

Im marinen Milieu, wo die Sedimentation im allgemeinen kontinuierlicher als im kontinentalen Bereich verläuft, sind unsere Erwartungen höher. Dort fallen nämlich die Hartteile der Kadaver mariner Tiere auf den Grund des Wasserkörpers und werden schnell eingebettet. Aber 90% der geologischen Profile über die Kreide/Tertiär-Grenze sind unvollständig und vermitteln den Anschein eines einzigartigen und dramatischen Massensterbens. Die detaillierte Untersuchung der seltenen sehr kontinuierlichen Profile mit großen Sedimentationsraten, wo man das Gestein und seine Fossilien Zentimeter für Zentimeter studieren kann, bietet uns ein sehr verschiedenartiges Bild.

Die marinen Invertebraten, z. B. die Mollusken, lieferten nur ein relativ unklares Bild. Ihre Vielfalt und ihre Häufigkeit nehmen einige 100.000 Jahre vor der Grenze ab[19] und dann noch einmal an der Grenze selbst. Einige Arten von Generalisten – mit einer einfachen Morphologie – überleben am Anfang des Tertiärs. Die Arbeiten von WARD über die Ammoniten des Baskenlandes haben zunächst eine Abnahme der Artenvielfalt lange vor der Grenze gezeigt. Aber mit der Entdeckung neuer Fossilien in benachbarten Profilen wurde ein paar Jahre später das Vorkommen einiger Ammoniten-Arten nur wenige Meter unter der Grenze belegt. Heute denkt WARD, daß es beides gab, ein allmähliches Aussterben im Gefolge eines leichten Meeresspiegelabfalls am Ende der Kreide und dann ein gnadenloses Auslöschungs-Ereignis.

Eine 100.000 Jahre während Katastrophe

Unsere Beobachtungen und unsere Interpretation der Kreide/Tertiär-Krise gründen de facto ganz wesentlich auf dem massiven und katastrophal erscheinenden Aussterben von

---

[19] Diese weltweit für gleichzeitig erachtete Grenze ist   hier geochemisch durch einen Peak der Iridium-Konzentration definiert. Das ist ein in der Erdkruste sehr seltenes Metall, über das wir im nächsten Kapitel ausführlicher reden werden. Zudem sinkt an dieser Grenze der Karbonatanteil des Sedimentes zugunsten des Tongehalts, und es gibt eine ^{13}C-Anomalie. Letztere steht i.a. mit einer starken Oxidation der organischen Substanz (lebend oder tot) in Zusammenhang. Auch darauf werden wir weiter unten noch zu sprechen kommen.

nahezu der Gesamtheit der marinen planktonischen Foraminiferen-Arten[20]. Gegen Ende der 70er und zu Beginn der 80er Jahre dieses Jahrhunderts dachten die Paläontologen, daß die vollständigsten Profile in den Sedimenten aus den tiefsten Meeren zu finden seien. Die in den Ozeanen abgeteuften Bohrungen zeigten ebenso wie die Ausbisse auf dem Festland eine mächtige Abfolge eines dichten Kalkes, der reich an kretazischen Fossilien ist und mit scharfer Grenze von einer dünnen praktisch fossilleeren Lage aus dunklem Tonstein überlagert wird. Darin kommt auch die „erste" kleine Foraminifere des Tertiärs vor. Heute weiß man, daß solche Profile unvollständig sind, auf die sich 1982 der holländische Paläontologe JAN SMIT gestützt hatte, als er erklärte, daß alle Arten planktonischer Foraminiferen (bis auf eine) schlagartig an der Grenze Kreide/Tertiär ausgelöscht worden seien. Heute ist man davon überzeugt, daß die vollständigsten Schichtfolgen in Wirklichkeit in den marinen Sedimentgesteinen erhalten geblieben sind, die auf den Schelfen in flachem Wasser abgelagert worden sind. Dort hat man eine neue stratigraphische und biologische Zone entdeckt, die in der Mehrzahl der Profile aus Sedimentgesteinen der Tiefsee ganz einfach fehlt[21].

Die Abb. 3 zeigt die wahrscheinliche Geographie der Erde am Ende des Mesozoikums mit den Kontinenten über und den Schelfen unter dem Meeresspiegel. Sie zeigt zudem die Lokalitäten, wo die vollständigsten Profile (oder besser: die am wenigsten unvollständigen) entdeckt worden sind: Die Mehrzahl dieser Namen ist in der Gemeinschaft der Geowissenschaftler seitdem berühmt; wir werden ihnen immer wieder begegnen. Die Arbeit von GERTA KELLER in El Kef bietet uns ein schönes Beispiel. Die Paläontologin aus Princeton hat dort die Abfolge des Verschwindens und Erscheinens von nahezu 60 verschiedenen Arten planktonischer Foraminiferen in 5 Metern Profil detailliert untersucht. Diese 5 Meter verkörpern einige 100.000 Jahre diesseits und jenseits der Grenze. Fast ein Drittel der Arten verschwand an dieser Grenze, ebenso verschwand ein vergleichbarer Anteil vorher, d.h. 25 cm tiefer im Profil, und der Rest in mehreren Etappen im Hangenden, d.h. später. Das Erscheinungsbild der Gesamtheit dieser Auslöschungs-Ereignisse läßt an das Treppenstufen-Modell denken, das weiter oben zitiert worden ist. Das Krisen-Ereignis, das zu dem Verschwinden der Arten geführt hat, wäre somit nicht schlagartig erfolgt.

Es sind zahlreiche tropische oder subtropische Arten mit relativ großen und fein verzierten Gehäusen, die als erste verschwinden. Sie überlassen das Feld kleineren, einfacheren und widerstandsfähigeren Arten („Generalisten"). Die bezeichnende Zunahme der Gesamtzahl der Individuen einiger Arten, die die Krise überlebten, und die systematische Abnahme ihrer Größe[22] zeigen sehr wohl, daß diese Krise vor der „Grenze" Kreide/Tertiär[23] einsetzte und danach ihren Fortgang nahm. Es sieht also so aus, als ob die biologische Krise wenigstens etwa 100.000 Jahre vor dieser berühmten Grenze begann und sich danach über einen vergleichbaren Zeitraum fortsetzte. Längerfristige Ereignisse, die sich über Millionen von Jahren erstrecken und die ohne Zweifel auf das Klima, die jeweilige Höhe des Meeresspiegels oder auch ganz einfach auf die dauernden Wech-

---

[20] Einzellige Organismen von 0,1–2,00 mm Durchmesser, die planktonisch (schwebend) in Oberflächengewässern leben.

[21] Vgl. insbesondere die Arbeiten von GERTA KELLER und ihren Mitarbeitern.

[22] Und ihrer Sauerstoff-Isotopen-Zusammensetzung, anhand derer man die Arten, die am Ende der Kreide lebten, von jenen zu Beginn des Tertiärs unterscheiden kann.

[23] Vgl. Fußnote 19.

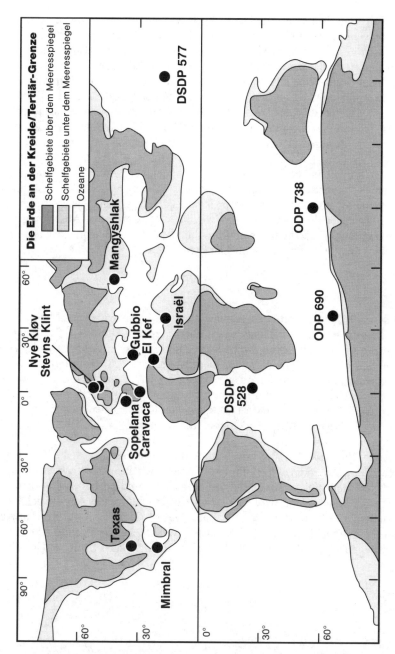

Abb. 3 Die Weltkarte vor 65 Mio. Jahren zur Zeit der K/T-Grenze. Die wesentlichen geologischen Profile, die über diese Grenze hinweggehen, sind dort eingetragen (die mit ODP oder DSDP markierten Lokalitäten sind Tiefsee-Bohrungen).

selwirkungen zwischen den Arten zurückgehen, werden somit von einer anormalen Periode von weniger als einer halben Million Jahre überlagert. Diese ist durch dramatischere Phasen gekennzeichnet; aber man kann noch nicht mit Bestimmtheit sagen, ob diese weniger als einen Tag oder aber mehr als etwa 1000 Jahre dauerten. In El Kef hat die eigentliche Grenze eine oder zwei Vorläufer-Phasen. In Brazos River wird die Grenze von keiner Auslöschung begleitet; aber zwei ziemlich scharfe und intensive Ereignisse liegen sowohl vor als auch hinter ihr. Die Rückkehr zum Normalzustand dauert besonders lange; und die Ökosysteme scheinen erst nach 500.000 Jahren wieder in vollem Umfange intakt gewesen zu sein. Die marinen Auslöschungsereignisse waren selektiv und betrafen zunächst und vollständiger die Arten, die in großen und mittleren Wassertiefen lebten, als jene in oberflächennahen Wasserschichten. An zahlreichen Lokalitäten, wo man an die einphasige und dramatische Auslöschung glaubte, ist tatsächlich eine große Zeitscheibe auf einige Millimeter „kondensiert", ja sogar ganz einfach erodiert worden. Dieses globale Phänomen, das mit einer Meeresspiegel-Absenkung und mit einer Verlangsamung der Sedimentation verbunden ist, ist im übrigen aus sich selbst Zeugnis eines ziemlich außergewöhnlichen Ereignisses.

Woran sind wir?

Nach anderthalb Jahrhunderten sorgfältiger und bisweilen widersprüchlicher Arbeiten haben Stratigraphen und Paläontologen überzeugende Hinweise für einige Auslöschungs-Ereignisse von außergewöhnlicher Intensität (sog. Massensterben) erbracht. Kann man den oder die Schuldigen für diese Massaker noch finden? Dort, wo LYELL und DARWIN nur die Summe der Auswirkungen der natürlichen Evolution, der Unendlichkeit geologischer Zeiten und der Launen geologischer Dokumentation in den Gesteinen sahen, erblickten BUFFON und CUVIER dagegen Katastrophen, und sie bezeichneten dafür die Verdächtigen: Milieu-Änderungen die eine, die Sintflut die andere. – Woran sind wir?

Kehren wir zum Ende der 70er Jahre zurück! Für viele Forscher ist die Kreide/Tertiär-Krise gewiß ein bemerkenswertes Ereignis. Aber noch kann niemand ihre Dauer mit einer größeren Genauigkeit als 1 Mio. Jahre angeben, und noch weniger kann jemand die Gründe bestimmen. Man wird also Detail-Untersuchungen in Angriff nehmen müssen. – Wohlan! Die Geschichte ist bereits angelaufen. Grundlagen für die Antwort, die am Anfang einer begeisternden Epoche stehen, werden gerade irgendwo in Italien zusammengetragen, einige Kilometer nördlich eines entzückenden Dorfes in Umbrien.

Kapitel 2   Ein Asteroiden-Impakt

Dort, wo heute die italienische Provinz Umbrien liegt (vgl. Abb. 3), wurden zwischen Jura und Tertiär[1] in einem flachen Meer mehrere 1000 m Kalke abgelagert. Sie wurden kompaktiert, d.h. in hartes Gestein umgewandelt, und dann im Rahmen der Heraushebung des Apennin verfaltet. Heute bilden sie die Hügel, aus denen die ockerfarbenen oder rötlichen Blöcke der „Scaglia rossa" gebrochen werden, aus denen die schönen Häuser des Dorfes Gubbio gebaut sind. Die geologischen Anschnitte entlang der von Gubbio ausgehenden Strassen sind den Geologen seit langem bekannt. Genau dort wurden in den 30er Jahren die ersten Foraminiferen entdeckt. Einige dieser Profile sind buchstäblich durchlöchert und zwar von den Paläontologen und von den Paläomagnetikern, allen voran von dem Schotten WILLIAM LOWRIE und einem jungen amerikanischen Geologen namens WALTER ALVAREZ.

Der Sohn, der Vater, das Iridium und der Impakt

An einem Abend im Jahre 1977 bringt WALTER ALVAREZ seinem Vater LUIS, einem berühmten Physiker und Nobelpreis-Träger in Berkeley, eine kleine Probe des Profils von Gubbio. Sie hat die Größe einer Zigarettenschachtel. Der Sohn und Geologe zeigt seinem Vater, dem Physiker, die Abfolge von einigen Zentimetern weißen Kalkes, einer dünnen Schicht dunkleren Tons von 2 cm Mächtigkeit und zuoberst einigen Zentimetern eines rötlichen Kalkes: In den weißen Schichten sind mit der Lupe kretazische Foraminiferen zu erkennen, nichts indessen im Ton. Darüber beginnt das Tertiär und damit die allmähliche Erholung des Lebens. LUIS ALVAREZ hält ein kleines Zeugnis vom Ende des Mesozoikums in Händen, möglicherweise ist es ebenso alt wie der letzte Saurier. In seiner Autobiographie[2] wird er später schreiben, daß in diesem Augenblick sein Interesse an der Paläontologie erwachte, einer Disziplin, die er bis dahin offensichtlich ein wenig gering achtete. Deren Fachvertreter wird er im übrigen auch in Zukunft für jämmerlich halten.

Die beiden ALVAREZ fragen sich nach der Zeitspanne, die in dieser rätselhaften Tonschicht dokumentiert ist. Da kommt LUIS der Gedanke, ein ganz besonderes Chronometer zur Messung dieser Zeitdauer zu verwenden, das auch bei sehr kleinen Zeitspannen und bei so alten Gesteinen funktioniert: den Niederschlag exotischer Materie durch den permanenten Regen von Mikrometeoriten auf die Erde. Mikrometeorite sind reich an gewissen chemischen Elementen, insbesondere denjenigen der Platin-Familie, die andererseits in der Erdkruste sehr selten sind. Unter diesen Elementen ist die Nummer 77 des Periodensystems, das Iridium (Ir), mit der damals neuen Methode der Neutronenaktivierungsanalyse am leichtesten zu messen. Diese aber beherrschen zwei Kollegen von ALVAREZ am Lawrence-Livermore-Laboratorium, FRANK ASARO und HELEN MICHEL, ausgezeichnet. Bei diesem Verfahren wird die Probe mit einem Neutronenstrom beschossen, der das Iridium radioaktiv macht. Die Intensität dieser induzierten Radioaktivi-

---

[1]   In dem Zeitraum von 180 bis 30 Mio. Jahren vor heute.

[2]   Adventures of a physicist. – Basic Books (NY) 1987.

tät kann anschließend gemessen werden. LUIS ALVAREZ denkt, daß er die Zeit, die während der Ablagerung der Tonschicht verflossen ist, messen kann, wenn er das Iridium-Profil in der Probe mißt, die ihm sein Sohn gerade gebracht hat. Seine Hypothese ist, daß dieses Iridium von dem kontinuierlichen und konstanten Mikrometeoriten-Regen stammt. Ohne es zu wissen, hat er gerade aufs Neue ein Verfahren zur Messung von Sedimentations-Raten erfunden, das bereits 1968 vorgeschlagen worden war.

Die gefundenen Konzentrationen sind winzig, und sie belegen eine großartige Leistung der Analysetechnik: Weit von der Grenze Kreide/Tertiär liegen die Konzentrationen bei einigen Zehnteln ppb[3]. In in der Tonschicht aber erreichen sie 9 ppb, einen 30mal so hohen Wert. Anomale Werte werden auch bis zu 15 cm oberhalb der Tonschicht gemessen. In der Erdkruste ist die natürliche Konzentration von Iridium aber nur ein Tausendstel dieses Wertes, selten überschreitet sie einige Hundertstel ppb! Die Arbeitsgruppe wird von dieser Entdeckung gewaltig angespornt; denn es handelt sich um Iridium-Konzentrationen, die deutlich über denen liegen, die selbst während mehrerer Millionen Jahre von einem normalen Mikrometeoriten-Regen abgelagert werden. Bald schon sinnt man über ein anomales Ereignis von extraterrestrischem Ursprung nach. Der erste heraufbeschworene „Schuldige" ist die Explosion einer Supernova in der Nachbarschaft des Sonnensystems. Aber das Fehlen von Plutonium-244 schließt diese Hypothese schnell aus. In dem Jahr nach dieser Entdeckung werden nacheinander mehrere Szenarien vorgeschlagen, überprüft und verworfen. Schließlich schlägt ein Astronom aus Berkeley, ein Kollege von ALVAREZ, den Impakt eines Asteroiden vor. Tatsächlich enthalten gewisse Meteoriten Iridium-Konzentrationen in der Grössenordnung von 500 ppb, 50.000mal so hoch wie in der Erdkruste. Und schon wird eine Hypothese entwickelt: Wenn die ungewöhnliche Iridium-Schicht auf der gesamten Oberfläche der Erde vorhanden wäre, und wenn man ihre Mächtigkeit und ihre (durchschnittliche) Konzentration kennte, dann könnte man die Gesamtmasse des Iridiums ableiten, die vor 65 Mio. Jahren unvermittelt eingebracht worden ist. Gestützt auf den Gehalt dieses Metalls in verschiedenen Typen von Meteoriten, kann man die Größe dieses extraterrestrischen Körpers näherungsweise abzuschätzen: 10 km im Durchmesser. Daraus folgt, aufgrund der phänomenalen Geschwindigkeit des Impaktes, eine Freisetzung kinetischer Energie von 100 Mio. Megatonnen TNT-Äquivalent, 10.000 mal so viel wie das gesamte Nuklear-Arsenal unseres Planeten[4]. Die Impakt-Hypothese war geboren!

Die sorgfältige Arbeit der italienischen und amerikanischen Arbeitsgruppen in Gubbio gegen Ende der 70er Jahre, die zu diesem wissenschaftlichen Donnerschlag geführt hat, ist es wert, erzählt zu werden. Zur selben Zeit kommt man mit der Aufstellung einer globalen geologischen Zeitskala einen wichtigen Schritt voran.

Magnus magnes ipse est globus terrestre[5] – *Die Erde ist selbst ein großer Magnet*

Die Erde verhält sich wie ein Magnet: Sie besitzt in der Tat ein ihr eigenes Magnetfeld. Dieses Magnetfeld richtet die Kompaßnadeln aus, die ihrerseits kleine Magnete sind. Es

---

[3] parts per billion: milliardstel Teile; das „b" stammt von dem angelsächsischen Wort „billion" für „Milliarde".

[4] Als Maßeinheit für die Energie eines Impaktes verwendet man oft 1 Mio. Tonnen TNT-Äquivalent (oder 1 Megatonne), diese entspricht 4×10^{15} Joules im internationalen Maßsystem. So entspricht ein Asteroid von 1 km Durchmesser einer Energie von 100.000 Megatonnen und die Energie des Alvarez-Asteroiden somit 100 Mio. Megatonnen.

[5] „Die Erde selbst ist ein großer Magnet", sagte WILLIAM GILBERT, Arzt der Königin Elizabeth I von Großbritannien. – Kap. 3.

hilft uns bisweilen noch bei der Orientierung, wenn die Sonne fehlt. Der blaue Punkt auf der Kompaßnadel (der den Nordpol markiert) wird vom Südpol des Erdmagnetfelds angezogen. Der liegt nicht weit vom geographischen Nordpol[6] entfernt (ungefähr 1000 km, irgendwo in Kanada). Aber das ist nicht immer so gewesen: Vor 800.000 Jahren nämlich lag der magnetische Nordpol nahe beim geographischen Nordpol; hätte es zu jener Zeit einen Kompaß gegeben, und wäre der genauso gefärbt gewesen wie heute, dann wäre sein blauer Punkt nach Süden ausgerichtet gewesen. Auf diese Weise hat sich das Magnetfeld der Erde im Laufe der letzten 100 Mio. Jahre hunderte Male auf sehr unregelmäßige Art umgepolt. Die Entdeckung dieser Inversionen geht auf Arbeiten der Franzosen BRUNHES und DAVID zu Beginn des Jahrhunderts zurück; aber sie wurde von der Wissenschaftsgemeinde erst in den 50er Jahren angenommen[7].

Wenn eine Lava abkühlt, werden die winzigen Kristalle bestimmter Eisenoxide, wie der Magnetit, in der Richtung und im Sinne des umgebenden Magnetfeldes magnetisiert. Und diese Magnetisierung kann fast unbegrenzt beibehalten werden, wenn das Gestein in der Folgezeit weder verändert noch aufgeheizt wird. Eine Basaltprobe ist somit ein regelrechter kleiner Dauerkompaß. Im Laufe der 60er Jahre gelang es zwei Arbeitsgruppen, einer amerikanischen und einer australischen, die ersten Zeitskalen der Inversionen des irdischen Magnetfeldes zu erstellen. Dazu datierten sie sehr genau zahllose Lavaproben aus allen Ecken der Erde und maßen zugleich deren Magnetisierung. Datierungen und sehr empfindliche magnetische Messungen waren (damals) gerade durch die Einführung einer neuen Gerätegeneration möglich geworden: neue Massenspektrometer, die zur Messung sehr geringer Konzentrationen der Elemente Kalium und Argon geeignet waren, für die Geochronologen, ein Induktionsmagnetometer mit schneller Kreisbewegung für die Paläomagnetiker.

Von magnetischen Profilen in den Ozeanen...

Zur selben Zeit zeichneten Geophysiker Schwankungen des Magnetfeldes mit Hilfe eines anderen Magnetometertyps, der sog. Magnetfeldsonde, auf, die hinter Schiffen hergeschleppt wurde. Diese durchkreuzten in immer größerer Zahl die Ozeane und versuchten, deren Geheimnisse zu lüften, die unter einigen Kilometern Salzwasser verborgen waren. Die so erhaltenen magnetischen Profile decken erstaunliche Eigenschaften auf: Die magnetischen Anomalien wechseln sich in positiven und negativen Streifen ab, die jeweils parallel und auf beiden Seiten symmetrisch zu den großen submarinen Gebirgen verlaufen, den sog. Mittelozeanischen Rücken, die über Tausende von Kilometern verfolgt werden können. Im Jahre 1963 hatten zunächst die Kanadier MORLEY und LAROCHELLE[8] und dann die Briten VINE und MATTHEWS in zwei voneinander unabhängigen und seither berühmten Aufsätzen die geniale Idee, diese Profile im Sinne der gerade aufkommenden Theorie der Expansion der Ozeane [engl. sea-floor spreading] und der ersten Skalen magnetischer Inversionen zu interpretieren (Abb. 4).

---

[6] Irrtümlicherweise sagt man bisweilen, daß die Kompaßnadel (die blaue, N-weisende) zum magnetischen Nordpol zeige.

[7] Vgl. VALET, J.P. & COURTILLOT, V. (1992): Les inversions du champ magnétique terrestre. – La Recherche, **23**, No. 246:1000–1013; Paris.

[8] Es ist sicher bekannt, daß ihr nach dem Aufsatz von VINE & MATTHEWS erschienener Beitrag tatsächlich als erster geschrieben worden ist. Die Publikation hatte sich allerdings verzögert.

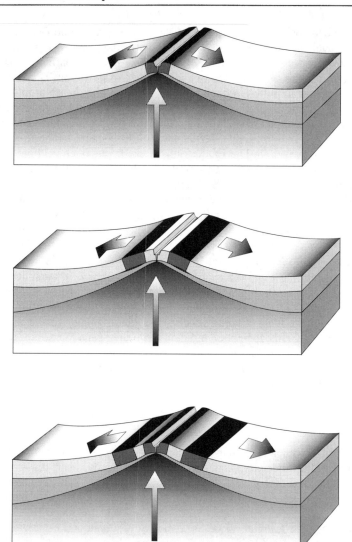

Abb. 4 Die Bildung der magnetischen Anomalien im Meer: Die Inversionen des Erdmagnetfeldes werden auf dem „Fließband" des expandierenden Ozeanbodens (d.h. in dem Basalt, der an den Mittelozeanischen Rücken gefördert wird und dort abkühlt) aufgezeichnet.

Schmelzflüssige Lava, die aus dem Erdmantel stammt, kühlt sich an der Achse der Mittelozeanischen Rücken allmählich ab und bildet dort die basaltische ozeanische Kruste. In diesem Augenblick wird die Richtung des erdmagnetischen Feldes in den Gesteinen eingefroren. Wie auf einem zweiseitigen Fließband entfernt sich dann die Kruste von der Rückenachse, und neue Kruste nimmt deren Platz ein, kühlt sich ab und erstarrt.

Durch seine Umkehrung drückt das irdische Magnetfeld dem Ozeanboden eine zweifache, symmetrische Folge aus abwechselnd in der einen, dann in der anderen Richtung magnetisierten Zonen auf. Es genügt somit, das charakteristische Streifenmuster, das wie eine Art Strichcode aussieht, zu erkennen und den Abstand der Streifen zur Rückenachse zu messen, um die Geschwindigkeit der Expansion der Ozeane und der passiven Kontinentaldrift zu bestimmen, die damit im Zusammenhang steht. Diese ist bisweilen kleiner als 1 cm/Jahr, kann aber auch 20 cm/Jahr erreichen. Der Atlantische Ozean wird – um eine Größenordnung zu vermitteln – während der Lebensdauer eines Menschen etwa um die Größe dieses Menschen breiter.

Durch direkte Messungen der Alter und der magnetischen Polaritäten an Laven der ozeanischen Inseln oder auf den Kontinenten konnte die Abfolge der Inversionen nur für ungefähr 4 Mio. Jahre belegt werden. Ausgehend von Streifen von 100 km Breite beiderseits der Rücken (die einem Zeitraum von 5 Mio. Jahren bei einer Geschwindigkeit von 2 cm/Jahr entsprechen) hat man auf die Breite des gesamten Ozeans kühn extrapoliert, und damit konnte man die Geschichte magnetischer Inversionen bis zum Alter der ältesten Ozeanböden rekonstruieren[9]. Dieses liegt bei etwa 160 Mio. Jahren (Mittlerer Jura)[10]. Durch Bohrungen in die ozeanische Kruste und durch Probennahmen von Sedimentgesteinen kann man seit einem Vierteljahrhundert die Abfolge dieser Inversionen präzisieren und zwar gleichermaßen mit Hilfe geochronologischer (K/Ar-Methode) wie biostratigraphischer Methoden (Fossilien). Der Zeitbezug in der Geologie ist fortan eine Skala, die dreifach abgesichert ist: durch die Fossilien, die (magnetischen) Inversionen und die absoluten Alter (Abb. 5).

... zur Magnetostratigraphie

Auch die Sedimente dokumentieren, wenngleich auf ganz andere Weise, die magnetische Botschaft. Magnetisierte Partikel, d.h. Körner, die bei der Verwitterung kontinentaler Gesteine entstanden und transportiert oder aber biologisch[11] erzeugt worden sind, werden im Innern der Sedimente abgelagert und orientieren sich nach der Richtung des umgebenden magnetischen Feldes. Wenn das Sediment das anfangs eingeschlossene Wasser ausgetrieben hat und zum Sedimentgestein geworden ist, d.h. nach Abschluß der unter der Bezeichnung „Diagenese" zusammengefaßten physikalischen und chemischen Prozesse, kann diese sehr schwache Magnetisierung erhalten bleiben. (Sie ist viel schwächer als in den Laven der Vulkane oder der ozeanischen Kruste.)

---

[9] Diese konnten sowohl anhand der beim DSDP-Programm erbohrten Laven mit absoluten Datierungsmethoden als auch mit Hilfe der darüber folgenden Sedimente relativ (d.h. biostratigraphisch) datiert werden.

[10] Die Öffnungsgeschichte dieser Ozeane konnte gleichfalls rekonstruiert werden. Die Tatsache, daß die ältesten Ozeane nur 1/25 des Alters der Erde (4,5 Mia. Jahre) haben, war als solche eine wesentliche Entdeckung.

[11] Bestimmte einzellige Organismen bilden winzige Magnetitkristalle, mit denen sie sich im Wasser orientieren und den Meeresboden, d.h. ihre Nahrungsquelle, finden können. Vgl. POIRIER, J.P. (1995): Le Minéral et le Vivant. – Paris (Fayard).

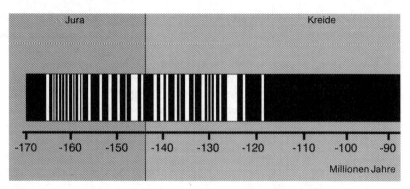

Abb. 5 Skala der Inversionen des Magnetfeldes der Erde seit 170 Mio. Jahren.

Das, was LOWRIE, ALVAREZ und ihre Kollegen in der „Scaglia rossa" zu finden such-ten, war just diese Inversionsfolge, die auf den Meeresböden in horizontaler Erstreckung über Hunderte von Kilometern entdeckt worden war. Dieses Mal aber suchten sie in den Sedimentgesteinen „in der Vertikalen" und nur über einige 100 m des Profils[12]. Durch den Einsatz neuer, noch empfindlicherer Magnetometer[13] waren sie erfolgreich. Im Jahre 1977 veröffentlichten die italienischen und amerikanischen Arbeitsgruppen eine bemer-kenswerte Serie von 5 Aufsätzen im *Bulletin of the Geological Society of America*. Ihre Verfasser fanden die so gut erkennbare, fast vollständige Serie der Intervalle der magne-tischen Polarität, die 15 Jahre zuvor zur Begründung der Plattentektonik geführt hatte. Auf ein langes Intervall während der Kreidezeit mit einer Polarität, die der heutigen entspricht und deshalb als normal bezeichnet wird (ca. 85–120 Mio. Jahre vor heute), folgte eine Serie von Inversionen, ein immer schnellerer Wechsel von inversen und normalen Epochen. Diese konnten mit den genau verzeichneten und durchnumerierten „Chronozonen" der marinen Sediment-Profile parallelisiert werden. Insbesondere auf diese Weise konnte man beweisen, daß die Grenze zwischen der Kreide und dem Käno-zoikum[14] in der Mitte einer inversen Epoche mit der wenig anschaulichen Bezeichnung 29R liegt[15].

Die dieser Epoche zuzuordnenden Kalkbänke erstrecken sich über ungefähr 5 Profil-meter und entsprechen etwa einer halben Million Jahre. Auf diese Beobachtungen und auf die Mächtigkeit der feinen Tonschicht der K/T-Grenze bei Gubbio stützte sich

---

[12] Dieser Unterschied entspricht demjenigen zwischen der Spreizungs-Geschwindigkeit der Ozeane (einige cm/Jahr) und der mittleren Sedimentationsrate (einige cm/1000 Jahre).

[13] Es handelt sich um Kryogen-Magnetometer, die supraleitende Meßwertaufnehmer verwenden, die bei 4 K (-269 °C) in flüssiges Helium getaucht sind. Damit lassen sich Magnetfelder mit der Stärke eines Millionstels eines Millionstel Tesla (10^{-12} T) messen, 50×10^6 mal schwächer als das der Erde an ihrer Oberfläche (ungefähr 5×10^{-5} T). Letztgenanntes hat seinerseits nur 1/100.000 der Stärke des Feldes von bestimmten in der Atomphy-sik verwandten Magneten (ungefähr 5 T). Um eine handfestere Vorstellung zu vermitteln, sei gesagt, daß die Feldstärke eines kleinen Taschenmagneten in einer Entfernung von 20 cm größenordnungsmäßig 10 Mikrotesla (10^{-5} T) beträgt und im Abstand von einem Meter noch 80 Nanotesla (8×10^{-8} T). (Die Abnahme verhält sich um-gekehrt proportional zur dritten Potenz der Entfernung.)

[14] Häufig nennt man die Kreide/Tertiär-Grenze einfach KT [oder auch K/T].

[15] Das ist in sehr groben Zügen die 29. wesentliche Epoche mit inverser Polarität (wenn man sehr kurze Ereignisse außer acht läßt); vgl. die Abb. 5.

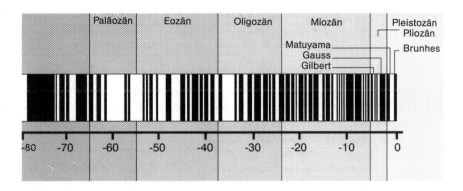

DENNIS KENT vom Lamont Observatory bei New York, zu dem damals auch LOWRIE und ALVAREZ gehörten, als er als erster vorschlug, daß die für das Massensterben verantwortlichen Ereignisse weniger als 10.000 Jahre gedauert hätten. Diese – damals fast unglaubliche – Hypothese sollte eine große Rolle für die zukünftige Forschungsarbeit von WALTER ALVAREZ spielen und ihn davon überzeugen, daß in Reichweite seines Geologenhammers eine Riesen-Entdeckung zu machen sei.

Ein ökologischer Zusammenbruch

Die Hypothese vom Einschlag eines Asteroiden auf der Erde wird 1980 in der Zeitschrift *Science* veröffentlicht. Und sie widersteht ersten Überprüfungen. Das für das Massensterben der Arten vorgeschlagene Szenarium ist das eines „Impakt-Winters". Der vollständig pulverisierte und verdampfte Asteroid reißt eine Masse irdischer Materie in die Atmosphäre, die mehrere Zehner mal so groß ist wie seine eigene (größenordnungsmäßig 10^{14} kg). Dieser Staub fällt erst nach einigen Monaten oder Jahren auf die Erde zurück. Er schirmt das Sonnenlicht ab, unterbricht die Photosynthese und führt zu einem sehr langen und strengen Winter. Durch das Verschwinden der Pflanzen brechen die Nahrungsketten zusammen, und die Hekatombe beginnt. Ein ähnliches Szenario wird im folgenden Jahr zur Beschreibung dessen konstruiert, was im Falle eines allgemeinen atomaren Konfliktes passieren könnte: Darüber wird in den Medien weit eifriger berichtet als über den Impakt-Winter, und so hält der „nukleare Winter" seinen Einzug in das allgemeine Bewußtsein.

Gehen wir mehr ins Detail: Der Asteroid müßte im Augenblick seines Aufschlages ein beachtliches Loch in die Atmosphäre gerissen haben. Die freigesetzte Energie und die Auswurfmassen, insbesondere die winzigen Fragmente, die nach einer ballistischen Flugbahn wieder in die Atmosphäre eintraten und dort eine bemerkenswerte Aufheizung bewirkten, müßten riesige Mengen von Stickoxid erzeugt haben[16]. Brände, auf die wir weiter unten eingehen werden, können gleichfalls große Mengen von Ruß, aber auch von Stickoxid erzeugt haben. Daraus wären in Verbindung mit Wasser Aerosole aus

---

[16] Durch Reaktion zwischen Stickstoff und Sauerstoff bei hoher Temperatur, wobei die Aufheizung durch den Schock-induzierten Feuerball und den Staubrückfall erfolgt.

Salpetersäure entstanden. Diese hätten die Ozon-Schutzschicht zerstören können; zudem wäre saurer Regen gefallen, der die Vegetation abgetötet und sogar zur Auflösung der Kalkskelette von Mikroorganismen in den oberflächennahen Wasserschichten des Ozeans geführt hätte.

Kurz vor seinem Tod im Jahre 1987 scheint LUIS ALVAREZ sehr mit „seiner" Theorie zufrieden zu sein (man wäre es schon bei einem geringeren Anlaß). In seiner Autobiographie indessen versetzt er den Belegen für ihre Richtigkeit und den zahlreichen Voraussagen, welche sie ermöglicht hätte (und die er damals für bestätigt hält) einen Schlag. Er macht sich über seine Opponenten lustig, und einige seiner Nacheiferer schrecken nicht davor zurück, Andersdenkende auf einer wissenschaftlichen Tagung lächerlich zu machen. LUIS ALVAREZ wird sich einmischen, um die Karriere derer zu behindern, die sich seinen Ansichten entgegenstellen, und er wird seine Geringschätzung der Paläontologen stets aufs neue wiederholen, die zu langsam seien, um seine Theorie zu akzeptieren, und die er als „Briefmarkensammler" behandelt. Gegensätzliche Facetten einer sehr farbigen Persönlichkeit ...

Es regnet Meteoriten

Der Aufsatz in *Science* löst leidenschaftliche Reaktionen aus – solche der Zustimmung und der Ablehnung –, und er wiederbelebt die Forschungsarbeiten zur K/T-Grenze auf einem bislang unbekannten Niveau. Es ist eine interdisziplinäre Aufgabe, die zu vielfältigen Arbeiten Anlaß gibt und auf Kongressen Paläontologen, Astrophysiker, Geochemiker, Geophysiker, Statistiker... zusammenführt. Seit 1980 sind mehr als 2000 Aufsätze über dieses Thema veröffentlicht worden. Dieses Buch wäre ohne diesen grundlegenden Aufsatz nicht erschienen.

Unter den Gegnern rufen einige nach einem „deus ex machina" und lehnen den ganzen extraterrestrischen Prozeß ab. Es sieht danach aus, als wiederhole sich der Kampf zwischen LYELL und CUVIER, zwischen Uniformitaristen und Anhängern der Katastrophen-Theorie. Aber es handelt sich zum großen Teil um eine falsche Debatte. Inzwischen steht außer Zweifel, daß Einschläge extraterrestrischer Körper eine große Bedeutung in der Geschichte der Erde gehabt haben. Der Mond, ein lebloser und von Plattentektonik freier Himmelskörper, trägt noch die Narben der großen Bombardements, die ihn während der ersten Milliarde Jahre seit Bestehen des Sonnensystems gestaltet haben: Davon zeugen die großen Krater wie Kopernikus und Tycho (Abb. 6). Unser natürlicher Trabant ist selbst ohne Zweifel das Ergebnis eines Riesen-Impaktes im Augenblick der Entstehung der Erde. Diese hat dasselbe Bombardement durchgemacht; aber die entsprechenden Spuren sind durch die Erosion und die Subduktion[17] der Platten in den Erdmantel verwischt worden. Manche Wissenschaftler meinen, daß die Entstehung des Lebens auf der Erde erst möglich wurde, als die Hauptphasen dieses Bombardements beendet waren – vor ein wenig mehr als 3,5 Milliarden Jahren. Auf jeden Fall sind die Impakte immer seltener und immer kleiner geworden: Die Planeten hatten im Rahmen ihrer Entstehung die volumenreichsten Brocken regelrecht angesogen. Tatsächlich aber hat das kosmische Bombardement – so abgeschwächt es auch heute sein mag – nicht aufgehört.

---

[17] Es handelt sich um das Verschlucken von Platten der Erdkruste unter benachbarte Platten. Dieses Phänomen ist zum Beispiel für die Erdbeben und Vulkane des „pazifischen Feuergürtels" verantwortlich.

Alle 30 Mikrosekunden schlägt ein Mikrometeorit mit einem Durchmesser von einem Mikrometer[18] auf den Raumsonden ein. Alle 30 Sekunden streift eine Sternschnuppe den Himmel – sie rührt vom Verglühen eines Kornes von 1 mm Durchmesser her. Jedes Jahr fällt durchschnittlich ein Meteorit von einem Meter Durchmesser auf die Erde; man schätzt, daß sich im Mittel alle 10.000 Jahre der Impakt eines Objektes von 100 m Durchmesser ereignet. Eine solche Größe dürfte der Körper gehabt haben, der den berühmten Meteor Crater in Arizona erzeugt hat. Die Extrapolation dieser Maßstabs-Regel (Abb. 7) führt zu der Schätzung, daß alle 100 Mio. Jahre ein Bolide (ein besonders großer Meteorit) von der Größe des von Vater und Sohn ALVAREZ vorgeschlagenen auf die Erde einschlagen sollte.

Zahlreiche Asteroide aus dem Gürtel zwischen Mars und Jupiter sowie Kometenkerne bewegen sich auf Bahnen, auf denen sie eines Tages die Erde treffen könnten. Etwa 100 Asteroide mit einer Größe von mehr als 1 km sind beobachtet worden. Seit 10 Jahren sind unter dem Eindruck des Science-Aufsatzes mit zunehmender Geschwindigkeit immer mehr Entdeckungen gemacht worden. Die Gesamtzahl dieser Objekte schätzt man auf größenordnungsmäßig 1000. Die Astronomen haben eine mittlere Impakt-Wahrscheinlichkeit von vier Milliardstel pro Jahr berechnet. Das bedeutet, daß ein Bolide von 1 km Durchmesser, der in der Lage wäre, einen Krater von 10 km Durchmesser auszuheben, die Erde alle 250.000 Jahre träfe, und daß ein Asteroiden-Bruchstück von 10 km Durchmesser, das einen Krater-Durchmesser von 100 km hervorrufen würde, alle 300 Mio. Jahre fallen sollte. Die Impakte von Kometen-Kernen, die weniger dicht, dafür aber viel schneller sind, sollten viel häufiger und weit zerstörerischer sein. Der Sturz von 21 Bruchteilen des Kometen Shoemaker-Levy auf den Jupiter im Juli 1994 hat dort ein außerordentliches Beispiel geliefert, glücklicherweise weit entfernt. Der Riesenplanet trägt davon noch die Spuren. Ein Kern von 10 km Durchmesser, der mit einer Geschwindigkeit von 60 km/s ankäme, würde auf der Erde einen Krater von 150 km Durchmesser erzeugen. So etwas sollte sich im Durchschnitt alle 100 Mio. Jahre ereignen.

Ein Teil dieser Beobachtungen und die Maßstabs-Regel, die daraus abgeleitet ist, gehen auf Gene SHOEMAKER zurück, den großen Impakt-Spezialisten. Der hatte zusammen mit seiner Frau und einem Kollegen im Jahre 1993 den Kometen Shoemaker-Levy entdeckt. Es sieht tatsächlich so aus, als explodierten zahlreiche Meteoriten von bedeutender Größe oder als verzehrten sie sich in großer Höhe außerhalb des Blickfeldes. Nach Meinung mancher Wissenschaftler wird der Gesamtstrom der Meteoriten, die die hohe Erdatmosphäre streifen, stark unterschätzt! Im Januar 1994 veröffentlichte das amerikanische Verteidigungsministerium eine (zuvor geheimgehaltene) Liste von 136 Explosionen, die sich zwischen 1975 und 1992 ereignet haben, und die von Aufklärungssatelliten aus 36.000 km Höhe entdeckt worden waren. Jedes Jahr ereignen sich somit etwa 10 Explosionen mit einer Sprengkraft von 500 bis 15.000 t TNT-Äquivalent. Jeder dieser Meteoriten soll einen Durchmesser von etwa 10 m haben, ein Gewicht von mehr als 1000 t und eine Geschwindigkeit in der Größenordnung von 50.000 km/h. Es scheint so, als müßte der Strom der Objekte, deren Flugbahn die der Erde berührt, nach oben korrigiert werden. Das gilt aber nicht notwendigerweise auch für die Objekte, die die Erdoberfläche erreichen und dort Krater erzeugen können.

---

[18] „Mikro" bedeutet millionster Teil.

Abb. 6 Der Mond trägt gleichzeitig die Spuren eines intensiven Asteroiden-Bombardements und der dadurch hervorgerufenen Laven-Ergüsse: hier der Kopernikus-Krater mit seinen vielfachen Ringen und seinem Zentralgipfel, die für einen ziemlich großen Impakt bezeichnend sind (der Krater hat etwa 100 km Durchmesser) (Foto NASA, Rechte vorbehalten).

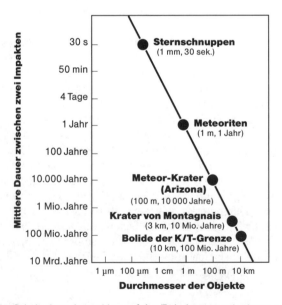

Abb. 7 Die Impakt-Häufigkeit eines Asteroiden auf der Erde hängt nach einem sog. Potentialgesetz von seiner Größe ab (auf den beiden Achsen des Koordinatensystems ist jeder Abschnitt um den Faktor 100 größer bzw. kleiner als die benachbarten).

Die Schätzungen der Impakt-Häufigkeit sind in jedem Falle sehr unsicher, mit einem Unsicherheitsfaktor nahe zwei (oder sogar schlechter), und ihre Extrapolation für Zeit-räume, die um mehrere Zehner-Potenzen größer als unser Beobachtungszeitraum sind, ist mit einem hohen Risiko behaftet. Man muß aber im Gedächtnis behalten, daß der Impakt eines Asteroiden von 10 km Durchmesser alle 50 bis 500 Mio. Jahre durchaus glaubhaft ist. Das Problem besteht darin, die klimatischen und ökologischen Folgen eines solchen Impaktes zu bestimmen und die Spuren davon möglichst sicher zu erken-nen. Zweifelsohne ein wenig voreilig schloß LUIS ALVAREZ aus seinen Wahrscheinlich-keitsrechnungen, daß ein Impakt „mit Sicherheit" im Laufe der letzten 100 Mio. Jahre stattgefunden habe, und daß er den Beweis dafür im Iridium von Gubbio gefunden hätte.

Heute weiß man, daß der 50 km breite und 50 Mio. Jahre alte submarine Montagnais-Krater vor Neuschottland keine Auswirkung auf die Vielfalt der Arten hatte, nicht ein-mal regional. Und die Zwillingskrater Kara und Ust Kara am Rande des Arktischen Ozeans, von denen der eine 65 km und der andere mehr als 80 km Durchmesser hat, haben bei ihrem Einschlag vor ungefähr 75 Mio. Jahren kaum Folgen gehabt. Das soll nicht heißen, daß es nicht eine Katastrophe für einzelne Individuen und Populationen gegeben hätte. Aber bezüglich der Arten und der Familien hat die Auslöschungsrate ihren normalen Wert (das Hintergrundrauschen der Auslöschung) nicht signifikant über-schritten. Man braucht sich nur der 2000 km^2 Wald zu erinnern, die 1908 in Sibirien verbrannten, nachdem der Tunguska-Komet in 10 km Höhe explodiert war, um sich das mögliche Ambiente zum Zeitpunkt eines großen Impaktes vorzustellen.

Iridium und Osmium

Während des Jahrzehnts nach 1980 werden „Beweise" für die Existenz des Impaktes gesammelt. Zunächst wird der anomale Iridium-Gehalt an mehr als 100 verschiedenen Lokalitäten wiedergefunden, die über die ganze Erde verteilt sind. Zuweilen sind die Konzentrationen noch höher als in Gubbio. Die betreffenden Profile entsprechen sehr unterschiedlichen, sowohl ozeanischen als auch kontinentalen Ablagerungs-Milieus. Die Untersuchungen beziehen sich nun auch auf andere geologische Grenzen, die anderen Auslöschungs-Ereignissen entsprechen. Nach mehr als 10jähriger Forschung sieht es so aus, als seien sehr wenige andere anomale Horizonte gefunden worden. An keiner der wichtigen Grenzen, die älter als die K/T-Grenze sind, werden Konzentrationen von mehr als einigen Zehnteln ppb gefunden, und in allen Fällen können ausschließlich terrestri-sche Quellen oder Anreicherungsprozesse ausgemacht werden: Sulfid-Massen, Phos-phat-Knollen, Gesteine des Oberen Erdmantels, Anreicherung von Iridium aus dem Meerwasser durch Bakterien... Ein an Iridium reicheres Profil, aber ohne Beziehung zu Auslöschungs-Ereignissen, ist von ROBERT ROCCHIA und seinen Mitarbeitern im Jura der Alpen in Gif-sur-Yvette gefunden worden, während die Gruppe der beiden ALVAREZ aus dem Karibischen Meer ein 34 Mio. Jahre altes Niveau meldet, das der Auslöschung von 5 Radiolarien-Arten in der Nähe der Eozän/Oligozän-Grenze entspricht. Aber bis auf den heutigen Tag bleibt die Iridium-Anomalie der K/T-Grenze gewissermaßen (und erstaunlicherweise) einzigartig.

Andere Elemente der Platingruppe, zu der Iridium gehört, z.B. das Ruthenium und das Gold, scheinen an der K/T-Grenze gleichfalls anomal angereichert zu sein. In der Geochemie sind die absoluten Element-Konzentrationen extrem variabel; viel bezeich-nender für die verschiedenen beteiligten Reservoire (oder Quellen) sind die Konzentrations-Verhältnisse. Eine noch genauere Unterscheidung wird anhand von Isotopen[19] ein und desselben Elementes oder von mehreren Elementen erreicht, die in einer radioaktiven Zerfallsreihe miteinander in Beziehung stehen. Das gilt beispielsweise für die Isotope 186 und 187 des Osmium. Die Gesteine der Erdkruste sind an Rhenium viel reicher als die Meteoriten. Dessen radioaktives Isotop 187 zerfällt zu Osmium 187. Das Isotopen-Verhältnis des Osmium (187/186) ist in der Erdkruste also größer als in Meteoriten. JEAN-MARC LUCK und KARL TUREKIAN, die damals in Lamont arbeiteten, haben sehr niedrige Werte in den Schichten der K/T-Grenze gefunden. Und obwohl sie deutlich zur Impakt-Theorie tendierten, geben diese Autoren selbst zu verstehen, daß diese geringen Verhältnis-Werte ebensogut mit der Zusammensetzung der Gesteine des Erdmantels übereinstimmen, der unter der Kruste liegt. Sollte es noch ein anderes Szenarium geben?

Kügelchen und geschockte Quarze

Im Jahre 1981 entdeckt JAN SMIT in verschiedenen Profilen über die K/T-Grenze Anreicherungen von ganz kleinen Kügelchen. Sie sind mehr oder weniger verwittert und haben eine wechselnde, häufig aber basaltische Zusammensetzung. Ein Meteorit besitzt eine solche Energie, daß er die Gesteine der Erdkruste, auf die er einschlägt, aufschmilzt und sie auf ballistischen Flugbahnen bisweilen über sehr große Entfernungen verteilt. Diese als Tektite bekannten Tröpfchen nehmen im Laufe ihrer Abkühlung in der Atmosphäre charakteristische Formen an. Man kennt Horizonte, die reich an vorzüglichen Tektiten sind, in Südostasien und im offenen Meer vor Australien, und zwar in marinen Sedimenten, die einige zehn- bis einige hunderttausend Jahre alt sind. Und obwohl die Impakt-Krater nicht immer gefunden worden sind, zweifelt niemand daran, daß extraterrestrische Körper für ihre Bildung verantwortlich sind. Weitere Tektite sind in Böhmen gefunden worden. Sie stehen im Zusammenhang mit dem Ries-Krater in Deutschland und werden Moldavite genannt. Andere gibt es im offenen Meer vor der Elfenbeinküste. Sie scheinen von einem nahegelegenen Krater zu kommen. SMIT hat also vorgeschlagen, in den Kügelchen der K/T-Grenze verwitterte Reste von Mikrotektiten und damit zusätzliche Belege für den Impakt zu sehen, und er hat angeregt, daß sich dieser wahrscheinlich auf ozeanischer Kruste ereignet habe. Diese könnte die Quelle dieser Tröpfchen aus geschmolzenem Basalt sein.

Zu Beginn der 80er Jahre ist es BRUCE BOHOR vom United States Geological Survey, der an zahlreichen Lokalitäten, wo die K/T-Grenze aufgeschlossen ist, kleine Mineral-Körner entdeckt. Sie bestehen hauptsächlich aus Quarz, haben Korngrößen von weniger als 1 mm und scheinen einen außergewöhnlich starken Schock erlitten zu haben (Abb. 8, oben). Wenn man einen dünnen Schnitt dieser Körner[20] unter dem Mikroskop bei etwa 1000facher Vergrößerung betrachtet, erkennt man darin zahlreiche Streifen, die mikroskopischen Fehlern entsprechen. Mehrere Systeme dieser Streifen durchziehen die Körner, und jedes verläuft dabei parallel zu einer ganz besonderen kristallographischen Richtung. Nun waren diese Fehler den Petrographen schon wohlbekannt: Sie hatten sie in Proben beobachtet, die von Atomtest-Lokalitäten stammten, sowie an Proben aus

---

[19] Vgl. ALLÈGRE, CLAUDE (1985): De la pierre à l'étoile. – Paris (Fayard). – ALBARÈDE, FRANCIS & CONDOMINES, MICHEL (1976): La géochimie. – PUF „Que sais-je?", Nr. 759.

[20] einen petrographischen Dünnschliff.

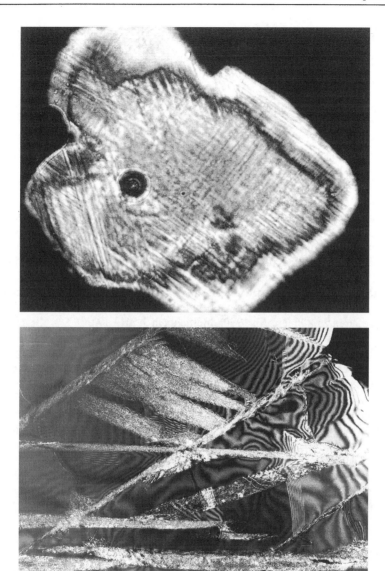

Abb. 8 Beispiele von geschockten Quarzen aus Sedimentgesteinen von der K/T-Grenze: (oben) unter dem Lichtmikroskop bei polarisiertem Licht; (unten) unter dem Transmissionselektronenmikroskop bei wesentlich stärkerer Auflösung: Die Quarze zeigen ziemlich scharfe ebene Fehlstellen, Glaslamellen und Zwillinge, die von einem kurzen Durchgang einer Schockwelle zeugen (Foto: Jean-Claude DOUKHAN).

unzweifelhaften Meteoriten-Kratern und auch an solchen, die im Labor durch den Einschlag eines Geschosses geschockt worden waren.

Wenn ein Korn von einer kurzen Schockwelle durchlaufen wird, deren Druck einige Milliarden Pascal (d.h. einige 10.000 Atmosphären) überschreitet, dann verlieren dünne Quarzlamellen (mit einer Dicke von einem Mikrometer oder weniger) ihre kristalline Struktur und werden zu amorphem Glas. Dessen Brechungsindex ist ein wenig niedriger als der von normalem kristallinem Quarz. Diese lichtmikroskopischen Kontraste werden ganz allgemein als zuverlässige Hinweise für einen Impakt betrachtet – zusammen mit besonderen, als diaplektisch bezeichneten Gläsern, mit Stishovit, einer Höchst-Druck-Modifikation des Quarzes, und mit den Strahlenkalken („Shattercones"), makroskopischen konischen Bruchformen, die fächerförmig oder in Pferdeschwanz-Form gestreift sind[21].

Aber bald wurden weitere geschockte Quarze in Österreich, in Böhmen und in Skandinavien entdeckt, an geologischen Lokalitäten und in stratigraphischen Niveaus, bei denen man weit davon entfernt ist, das Vorhandensein eines Impaktes zu akzeptieren. NEVILLE CARTER glaubt, Gefüge desselben Typs in Mineralen beobachtet zu haben, die mit einem gewaltigen prähistorischen Vulkanausbruch in Toba auf Sumatra in Verbindung gebracht werden. Die Untersuchung mit dem Lichtmikroskop reicht somit alleine nicht aus, um diese in den Körnern beobachteten „planaren Fehler" sicher beschreiben und interpretieren zu können. Ab 1990 unternehmen JEAN-CLAUDE DOUKHAN und seine Schüler an der Universität Lille eine weit detailiertere Untersuchung. Sie benutzen ein Transmissionselektronenmikroskop, das hunderttausendfache Vergrößerungen (und ggf. mehr) erlaubt und außergewöhnlich scharfe und detaillierte Bilder liefert (Abb. 8, unten). Die scheinbare Einfachheit der unter dem Lichtmikroskop beobachteten Streifen verbirgt, was sich den Forschern nun enthüllt: ein System von sehr unterschiedlichen Mikrogefügen, „Brasilianer Zwillinge", Glaslamellen, Reihen von Sprüngen oder Flüssigkeitseinschlüssen... J.-C. DOUKHAN hat Proben der K/T-Grenze mit Quarzen von dem jungen Impakt des Ries-Kraters in Deutschland verglichen und mit Quarzen, die bei mehr als 15 Milliarden Pascal experimentell geschockt worden waren. Er fand jeweils die gleichen Zwillinge und die gleichen parallelen Quarz-Lamellen. Das bestätigt, daß diese charakteristischen Fehlstellen offenbar nur durch eine dynamische Kompression, wie sie ein Impakt erzeugen kann, hervorgerufen werden können.

Zirkone und Spinelle

Zusammen mit TOM KROGH aus Toronto entdeckt BOHOR 1993 in dem Profil von Raton Basin in den Vereinigten Staaten winzige Zirkon-Körner, die ebenfalls Schock-Spuren zeigen. Zirkon, ein Zirkoniumsilikat, ist ein Halbedelstein, der gegenüber Aufheizung und Verwitterung extrem widerstandsfähig ist. Bei seiner Kristallisation baut er kleine Mengen von Uran ein. Das System Uran/Blei ist eines der am besten funktionierenden Hilfsmittel für die geologische Altersdatierung[22]. Das Besondere ist, daß es aus zwei Paaren von Mutter- und Tochter-Isotopen besteht: ^{236}U und ^{238}U zerfallen über viele

---

[21] Die Summe der von dem Gestein durchgemachten Veränderungen wird unter der Bezeichnung Schock-Metamorphose oder „Stoßwellenmetamorphose" zusammengefaßt.

[22] Vgl. Fußnote 19.

Zwischenstufen in die stabilen Isotope ^{207}Pb und ^{206}Pb. Dadurch sind zwei voneinander unabhängige Altersbestimmungen möglich (und sogar drei, wenn man das System Thorium^{232}/Blei^{208} hinzunimmt). Mit außerordentlich genauen Analysemethoden kann man diese Datierungsmethoden nutzen und feststellen, ob Proben von einem millionstel Gramm, die ein Millionstel von einem millionstel Gramm Blei enthalten, seit ihrer ersten Kristallisation eine Störung erfahren haben, die ihre innere Uhr teilweise auf Null zurückgestellt hat[23]. Diese Zirkone enthalten somit die ältesten und widerstandsfähigsten geologischen Gedächtnisse irdischer Ereignisse. Der Geochemiker CLAUDE ALLÈGRE hat einen seiner Aufsätze (nicht veröffentlicht) wie einen Kriminalroman überschrieben: „Old zircons never die (Alte Zirkone sterben nie)". Die von KROGH und BOHOR untersuchten Körner stammen aus Gesteinen, die älter als 400 Mio. Jahre sind und die vor 57 Mio. Jahren (mit einer Unsicherheit von 4 Mio. Jahren) nicht nur geschockt wurden, sondern auch ein bedeutendes thermisches Ereignis erfahren haben. KROGH deutet dieses letzte Alter als das des Impaktes an der K/T-Grenze[24]. Deshalb schlägt er vor, nach Hinweisen für diesen Impakt in einem Gebiet zu suchen, wo damals eine eng begrenzte[25] Zone des kontinentalen Grundgebirges mit viel älteren Gesteinen anstand.

Es gibt immer mehr Hinweise. JAN SMIT und GLEN IZETT vom Geological Survey entdecken kleine, gut kristallisierte Minerale der Spinell-Gruppe. Sie sind im allgemeinen nur einige Mikrometer groß, bestehen aus Eisen-Magnesium-Oxid und werden Magnesioferrite genannt. Diese Spinelle sind erstaunlich reich an Nickel (bis zu 5%), und sie sind bereits aus Gesteinen bekannt, die mit einem Meteoriten-Impakt in Zusammenhang gebracht werden. ROBERT ROCCHIA, ERIC ROBIN und ihre Kollegen aus Gif finden bedeutende Konzentrationen dieser nickelführenden Spinelle (sie sind viel häufiger als die geschockten Quarze) im Profil von El Kef. Dort kommen sie nur über einige Millimeter des Profils vor; diese Lage ist somit viel dünner als jene, über die das Iridium verteilt ist. Die Forscher sehen dort die Zeugen eines einmaligen und dramatischen extraterrestrischen Ereignisses, das weniger als ein paar hundert Jahre gedauert hat. Für sie besteht kein Zweifel, daß der Nickelgehalt und der Oxidationsgrad der Spinelle von der K/T-Grenze einen extraterrestrischen Ursprung anzeigen. Während die Magnesioferrite für diese Autoren bei der Kondensation der verdampften Reste des Boliden in der Atmosphäre entstanden sind, ist der Kalifornier STAN CISOWSKI von der Universität von Santa Barbara andererseits überrascht von ihrer Ähnlichkeit mit Partikeln, die bei der natürlichen oder künstlichen Verbrennung fossiler Kohlenwasserstoffe, z.B. Ölschiefern oder Petroleum, vom Wind verweht werden. Vielleicht waren im Gefolge des Meeresrückzuges am Ende der Kreide mächtige Schichtfolgen bituminöser Schiefer freigelegt worden, die sich spontan entzünden konnten: Spuren solcher Brände hat man, aus anderen Zeiten, in Israel und in Kalifornien gefunden.

---

[23] Eine erheblich thermische Störung kann nämlich die Isotopen-Verhältnisse von Elementen, die in den Mineralen eines Gesteins eingeschlossen sind, verwischen und sie mit der Umgebung ins Gleichgewicht bringen, so daß der Eindruck entsteht, sie hätten sich gerade erst gebildet.

[24] Man muß indessen festhalten, daß das Alter von 57 ± 4 Mio. Jahren nicht mit dem von 65 Mio. Jahren der K/T-Grenze übereinstimmt. Es fehlen wenigstens 4 Mio. Jahre, was nicht gerade wenig ist. KROGH schreibt diesen Unterschied der Vermischung von Korn-Gemengen unterschiedlicher Alter oder einem Blei-Verlust zu.

[25] Eng begrenzt, weil Zirkon-Alter im allgemeinen auf wenige Kilometer und sogar Meter beträchtlich variieren, während sie hier sehr gleichförmig sind. Ob sie nun von Haiti, aus Mexiko oder Texas stammen, der Impaktkrater darf nicht weit entfernt liegen. Wir werden im Kapitel 8 darauf zurückkommen.

Ein Großbrand?

Das Vorkommen großer Brände an der K/T-Grenze scheint auch durch Ruß und natürliche Holzkohle bezeugt zu sein, die 1984 in Raton Basin und anschließend in Dänemark, Spanien und Neuseeland entdeckt wurden. Erhöhte Konzentrationen, von mehreren Milligramm pro Quadratzentimeter, kommen zusammen mit Iridium vor, aber auch mit anomalen Konzentrationen von Arsen, Antimon und Zink, die ihrerseits terrestrischen Ursprunges sind. Der ^{13}C-Gehalt des Kohlenstoffs aus diesem Ruß gleicht jenem des Kohlenstoffs in natürlichen organischen Molekülen, die von Pflanzen synthetisiert werden. ED ANDERS und WENDY WOLBACH aus Chicago halten es somit für möglich, daß fast die gesamte lebende Materie, die Biomasse, gebrannt hat. Für diese Anhänger der Impakt-Theorie ist die Vegetation der Erde zum Teil durch einen Feuerball verbrannt. Dieser entstand durch den Schock und durch die Wärmestrahlung der Partikel, die daraufhin durch die Atmosphäre zurückfielen und dabei erheblich aufgeheizt wurden. Der Ruß dieser Brände, der zu den durch den Impakt hochgeschleuderten Staubmassen noch hinzukam, sollte die Dunkelheit verlängert und die dadurch verursachte Kälte noch verschlimmert haben. Ein Teil der verbliebenen Vegetation wäre abgestorben, und ihre Reste wären – dieses Mal durch Blitzschlag – ebenfalls in Brand geraten. In ähnlichem Maßstab entstehen bei der Verbrennung Kohlenmonoxid und organische Giftstoffe (wie Dioxin) und zwar in solchen Mengen, daß diese Stoffe Mutationen herbeiführen können. Gleichfalls wäre die Produktion von Kohlendioxid gestiegen, und das hätte durch den Treibhauseffekt auf längere Sicht zu einer starken Erwärmung geführt, die dann auf den Impakt-Winter gefolgt wäre. Dabei ist man versucht, sich zu fragen, wie die kleinste Art und insbesondere unser mutmaßlicher gemeinsamer Vorfahre, *Purgatorius*[26], diese Hölle überleben konnte.

Seit fast 15 Jahren haben sich Schritt für Schritt die Argumente für den Impakt unerbittlich angehäuft – so sieht es jedenfalls aus. Als dessen guter (oder schlechter?) Advokat habe ich sie so überzeugend wie möglich darlegen wollen. Die Mehrzahl der Forscher aus den betroffenen Disziplinen scheint übrigens heute von dieser Hypothese überzeugt zu sein, insbesondere in den Vereinigten Staaten. Tatsächlich aber deckten andere Forscher Schwierigkeiten und Widersprüche auf und schlugen ein anderes Szenario vor – und zwar ungeachtet der umso heftiger werdenden Angriffe, je mehr sich die Theorie von dem extraterrestrischen Körper als neues Paradigma (oder als neue Mode) konsolidierte. Im Gegensatz zu den Beteuerungen eines BOHOR war „der Nagel noch nicht in den Sarg dieser anderen Theorien geschlagen worden". Ein Umweg über Asien wird uns zu der wesentlichsten dieser Theorien führen: Deren Anhänger stellten einen katastrophenartigen Vulkanismus in den Mittelpunkt.

---

[26] Dieser Name, der zu schön erscheint, um zu stimmen, gehört einem kleinen, Insekten und Früchte fressenden Säugetier von der Größe einer Ratte, dessen fossile Überreste in der Lokalität Purgatory Hills/USA gefunden worden sind. Er war tatsächlich der erste Frucht-Fresser.

Kapitel 3   Vom Dach der Welt zum Dekkan-Trapp

Wir werden die Spuren einer Kollision verfolgen und dabei einen neuen Verdächtigen aus seiner Stellung hervorlocken, der sehr wohl für das „Massaker des Mesozoikums" verantwortlich sein könnte. Es handelt sich indessen nicht um die Kollision eines Meteoriten mit der Erde, sondern um die Kollision zweier Kontinente.

Zu Beginn des Jahres 1980 herrschte im Institut de Physique du Globe de Paris ein gewisses Kribbeln: Chinesische und französische Wissenschaftsorgane hatten Verträge unterzeichnet, nach denen mehrere Arbeitsgruppen Geländeuntersuchungen im tibetanischen Hochland durchführen durften. Das Dach der Welt war seit Jahrzehnten für die Geologen unzugänglich (natürlich mit Ausnahme der chinesischen), und deshalb war diese Region für viele von ihnen voller Rätsel. Schon in den 20er Jahren hatte der Schweizer EMILE ARGAND dort das Ergebnis eines Zusammenstoßes der kontinentalen Massen von Indien und Asien erkannt. ARGAND hatte sich vorgestellt, daß solche morphologischen Gebirge nur dadurch entstehen konnten, daß sich diese beiden großen Kontinentalmassen über mehrere 100 km aufeinander zu bewegt hatten. Diese Gedanken waren ketzerisch in einer fixistischen Welt, in der man bedeutende horizontale Deformationen der Erdkruste nicht glauben konnte. Deshalb sollten sie erst mehr als 3 Jahrzehnte später wieder aufleben und zwar mit der bahnbrechenden Arbeit des britischen Geophysikers KEITH RUNCORN und seiner Kollegen in Newcastle.

Die Geburt der Plattentektonik, der modernen Version der Kontinentalverschiebungstheorie WEGENERs, stellt man häufig etwa in die Mitte der 60er Jahre. Aber bereits gut 10 Jahre früher hatte der junge RUNCORN, ein brillianter Student von P.M.S. BLACKETT, die Idee, das sehr empfindliche Magnetometer, das unter der Leitung seines Doktorvaters[1] konzipiert worden war, zur Messung der Gesteinsmagnetisierung auf den Britischen Inseln und später dann in Indien zu nutzen. Aus diesen Messungen schloß er, wie wir noch sehen werden, daß Indien seit der Kreide über Tausende von Kilometern gedriftet war. RUNCORN begriff als einer der ersten, daß der Erdmantel von gewaltigen Konvektionsströmungen bewegt wird, für deren Existenz die Wanderung der Kontinente lediglich der Oberflächen-Beleg ist. In der Mitte der 60er Jahre sollten seine Gedanken sich durch die systematische Erforschung der Ozeanböden bestätigen und die Plattentektonik begründen[2].

Die Kollision zwischen Indien und Asien

In der Mitte der 70er Jahre untersucht PAUL TAPPONNIER, ein junger französischer Assistent an der Universität Montpellier, zusammen mit PETER MOLNAR, einem jungen amerikanischen Geophysik-Professor am Massachussets Institute of Technology (MIT),

---

[1] Wenngleich es uns vom Thema dieses Buches wegführt, widerstehe ich nicht der Versuchung, dem Leser zu sagen, daß dieses wunderbare, sog. astatische Magnetometer von BLACKETT mit dem Ziel entwickelt worden ist, das Magnetfeld einer in Rotation befindlichen Kupferkugel zu messen. BLACKETT glaubte nämlich, daß jeder rotierende Gegenstand ein magnetisches Feld erzeugt, wie es beispielsweise im mikroskopischen Maßstab für ein Elektron gilt. Unter dem Titel „Results of a negative experiment" veröffentlicht, wurde die Widerlegung dieser Hypothese zu einem entscheidenden Ereignis in der Geschichte der Wissenschaft vom Erdmagnetismus, ja, selbst der Physik.

[2] Vgl. beipielsweise Fußnote 14 im ersten Kapitel.

die großen Erdbeben, die Asien von Zeit zu Zeit erschüttern. Diese Erdbeben entstehen an großen Störungen, und sie hinterlassen für eine bestimmte Zeit ihre Spuren an der Oberfläche[3]. PAUL TAPPONNIER kommt auf die Idee, die Karten der Epizentren der großen Erdbeben und die bemerkenswerten, noch neuen Fotografien des amerikanischen Landsat-Satelliten übereinander zu legen. Jedes Satellitenbild zeigt die Erdoberfläche über Tausende von Quadratkilometern im Zusammenhang. Durch aufmerksames Beobachten entdeckt PAUL TAPPONNIER die größten Blattverschiebungen der Erde[4]. Diese sind noch viel eindrucksvoller als die San Andreas-Blattverschiebung in Kalifornien oder die Nordanatolische Störung in der Türkei. Wie mit einem Messer geschnitten erstrecken sie sich wohlgeordnet bisweilen über Tausende von Kilometern. Zwei von diesen Störungen begrenzen streckenweise das Tibetanische Hochland, im wesentlichen im Norden, doch auch im Süden: die großen Erdbeben scheinen, soweit die seismologischen Beobachtungen genau sind, entlang dieser großen Störungen aufzutreten. Darüberhinaus sind diese Bruchlinien nicht zufällig angeordnet. Den Ingenieur, der PAUL TAPPONNIER von Hause aus ist, erinnern sie befremdlich an die Rutschflächen, die in einem plastischen Boden durch die Altlast eines Gebäudes oder eines Staudammes entstehen.

Im Jahre 1975 veröffentlichen TAPPONNIER und MOLNAR ihre Ergebnisse in der Zeitschrift *Science*: Die Mehrzahl der großen Erdbeben Asiens entsteht entlang einer Gruppe von Störungen, die durch die Kollision dieses Kontinentes mit Indien entstanden sind. Zu dieser Kollision kam es vor ungefähr 50 Mio. Jahren, sie lebt noch heute fort und ist für die lange Serie von Erdbeben verantwortlich. Diejenigen Erdbeben, die an den großen Überschiebungen aufgetreten sind, hatten die Heraushebung des Himalaya und die Bildung des Hochlandes von Tibet zur Folge; diejenigen, die entlang der großen, mehrere Hundert und sogar Tausende von Kilometern langen Blattverschiebungen aufgetreten sind, führten zum seitlichen Gleiten kontinentaler Blöcke und zur ostwärtigen Herauspressung von Indochina, China und Tibet. Die Theorien von ARGAND und von RUNCORN wurden somit unterstützt und präzisiert.

Sowohl die Aufzeichnungen von Erdbeben als auch die Satellitenbilder waren aus der Ferne, über Hunderte von Kilometern vom „Corpus delicti" entfernt, entstanden. Man mußte also ins Gelände gehen. Deshalb unterschrieben GUY AUBERT, der Direktor des Institut National d'Astronomie et de Géophysique, und CLAUDE ALLÈGRE, der Direktor des Institut de Physique du Globe de Paris, nach mühseligen Verhandlungen einen Kooperationsvertrag mit CHEN YUGI und LI TINGDONG, den Verantwortlichen des chinesischen Geologie-Ministeriums. Für drei Jahre, von 1980 bis 1982, sollten ein paar Dutzend französische Geologen, Geochemiker und Geophysiker die Chance bekommen, als erste „Westler" jedes Jahr mehr als drei Monate lang an Ort und Stelle die steinernen Zeugen der größten Kontinent-Kontinent-Kollision, die sich in den letzten 200 Mio. Jahren auf der Erde abgespielt hatte, zu untersuchen, zu beproben und dann zu analysieren. Dabei sollten die modernsten Methoden und Verfahren eingesetzt werden.

---

[3] Es handelt sich entweder um rezente, in der Oberflächen-Morphologie verzeichnete Spuren, die von der Erosion bisher verschont blieben, oder aber um eine unterschiedliche Erosion verschiedener Schichtfolgen, deren Nachbarschaft erst durch die Störung begründet wurde.

[4] Man unterscheidet, vereinfachend, drei Haupttypen von Störungen je nach der Verformung bzw. Bewegung der Gesteinsschichten, die sie durchtrennen: Abschiebungen, wie im Limagne- oder im Oberrheingraben, gehen auf Dehnung der Erdkruste zurück. Auf- oder Überschiebungen, die beispielsweise in den Alpen zahlreich vorkommen, gehen auf Kompression zurück. An vertikalen Blattverschiebungen schließlich finden laterale, horizontale Verschiebungen statt.

Auf dem Dach der Welt gingen wir, CLAUDE ALLÈGRE, PAUL TAPPONNIER und ich selbst, an einem Abend im Jahre 1981 die großen Themen durch, die damals unsere Disziplinen bewegten. Ich erinnere mich, daß wir an das Ende der Dinosaurier dachten und an die Asteroiden-Theorie, die im Jahr zuvor von Vater und Sohn ALVAREZ publiziert worden war. Keiner von uns hatte über dieses Thema gearbeitet; aber von der Eleganz und der Kühnheit der Hypothese waren wir beeindruckt und – ohne Zweifel aufgrund der Persönlichkeit der Autoren – fest von ihrer Stichhaltigkeit überzeugt. Dazu aber waren wir nicht dort...

Bohren auf dem Dach der Welt

Der Teil des Auftrages, der den Paläomagnetikern[5] zugefallen war, bestand darin, die Techniken der Palöomagnetik auf alles anzuwenden, was uns unter den Hammer oder unter das Bohrgerät[6] kam. Wir haben bereits gesehen, wie das Magnetfeld der Erde in Gesteinen aufgezeichnet und auf fast unbestimmte Zeit in deren „Gedächtnis" gespeichert werden kann. Wir haben die Tatsache, daß es sich umpolen kann, genutzt, um eine Skala der Inversionen aufzustellen, und haben deren Bedeutung für die zeitliche Korrelation quer durch die Erdgeschichte erkannt. Aber wir haben noch nicht die Information genutzt, die in der von uns im Labor gemessenen Richtung der remanenten Magnetisierung steckt. Diese Richtung ist wie die Position eines Sterns in der Astronomie oder wie die geographischen Koordinaten, Breite und Länge, einer Lokalität durch zwei Winkel definiert: Der eine ist praktisch jedem bekannt, der andere vielleicht weniger (Abb. 9). Der erste, die Deklination, ist der Winkel zwischen der magnetischen und der geographischen Nordrichtung. (Wir haben schon darauf hingewiesen, daß die blaue Nadel des Kompaß in Wirklichkeit zum magnetischen Südpol zeigt, aber der Begriff „magnetische Nordrichtung" ist inzwischen zu gut etabliert, um ihn verbessern zu können). Der zweite ist die Inklination, der Winkel, den die magnetische Richtung mit der horizontalen Ebene am Ort der Messung bildet. Im Mittel entspricht das Erdmagnetfeld mit guter Näherung einem magnetischen Dipol, der auf die Rotationsachse der Erde ausgerichtet und in ihrem Zentrum positioniert ist. Vielleicht erinnert man sich an einen Versuch, den man in der Schule gemacht hat: Wenn man ein Blatt Papier flach auf einen Magneten legt und Eisenfeilspäne darauf streut, ordnen diese sich in zwei einfachen Kurvenbündeln an und veranschaulichen auf diese Weise die magnetischen Feldlinien des Dipols (Abb. 10).

Gegen Ende des 16. Jahrhunderts hatte WILLIAM GILBERT, Arzt der Königin von England und Hobby-Physiker, aus einem Block von Magneteisenstein[7] eine kleine Kugel oder „terella" herausmeißeln lassen. In seinem Experiment wurde die Inklination durch ganz kleine Nadeln angezeigt, die sich in der Nähe der Oberfläche frei orientieren konnten. Er stellte fest, daß sich deren Positionen von den zwei Polen, an denen sie sich senkrecht zur Oberfläche orientieren, bis zum Äquator regelmäßig veränderten, wo sie tangential verliefen (Abb. 10). Er sagte aufgrund dessen voraus, daß sich die Inklination

---

[5] Unsere chinesischen Kollegen auf der einen Seite sowie JOSÉ ACHACHE und JEAN BESSE, damals Doktoranden in unserem Institut, JEAN-PIERRE POZZI, MICHEL WESTPHAL (vom Institut de Physique du Globe de Strasbourg) und ich auf der anderen Seite. Die anderen Erdwissenschaftler nennen uns bisweilen „Paläomagier". Das beruht ohne Zweifel auf der Verwunderung, die unsere Befunde bei ihnen hervorrufen....

[6] Die Paläomagnetiker entnehmen den Gesteinen oft mit Hilfe eines Diamantbohrers orientierte Bohrkerne.

[7] Ein heute als Magnetit bezeichnetes Eisenoxid.

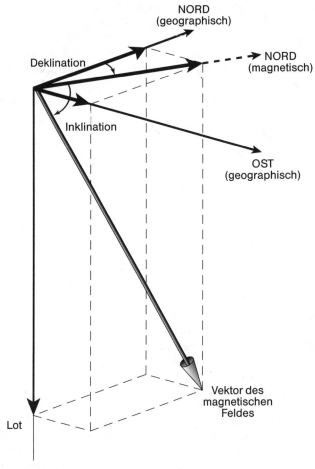

Abb. 9 Definition der Vektor-Komponenten des magnetischen Feldes: Deklination und Inklination.

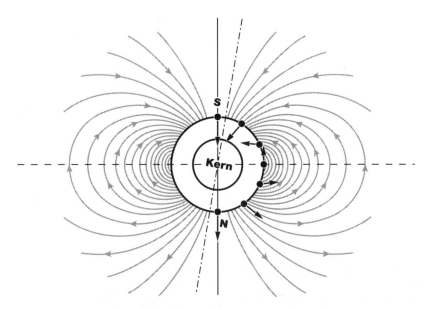

Abb. 10 Die Feldlinien des Magnetfeldes eines Dipols, die an der Oberfläche einer Kugel austreten. Die lokale Feldrichtung ist an der Basis einiger Linien durch einen kleinen Vektor angezeigt (das Feld ist am Pol vertikal und zweimal so stark wie am Äquator, wo es horizontal verläuft).

kontinuierlich von der Vertikalen an den Polen zur Horizontalen am Erdäquator ändern müsse, bevor dieses direkt beobachtet worden war. Der Globus war nur ein großer Magnet: „Magnus magnes ipse est globus terrestris"[8] lautet die Überschrift eines Kapitels in seinem „De Magnete", einem Lehrbuch über die Magnete, das 1600 publiziert wurde, und das ohne Zweifel als das erste Werk der modernen Experimentalphysik betrachtet werden kann. In Anerkennung seines Beitrages haben die Paläomagnetiker die vierte (im wesentlichen inverse) magnetostratigraphische Epoche nach ihm[9] benannt. Sie geht jenen nach BRUNHES, MATUYAMA und GAUSS benannten voraus (vgl. Abb. 5). Die Schwankungen der Säkularvariation des erdmagnetischen Feldes werden eliminiert, wenn man das Mittel dieses Feldes über mehrere Jahrtausende berechnet: Dieses stimmt dann gut mit dem eines Dipols überein, eines Stabmagneten, der in das Innere der Erde gesteckt und nach deren Rotationsachse[10] ausgerichtet ist.

Die in den Gesteinen fossil gewordene Magnetisierung zeichnet ganz einfach die Feldlinien des Feldes nach, das zur Zeit ihrer Entstehung bestand. Die Deklination zeigt an, wohin damals die Kompaßnadel gezeigt hätte, und gibt somit die magnetische Nordrichtung an, die man einfach mit geographisch Nord gleichsetzt. Die Inklination ihrerseits ergibt die geographische Breite. Wenn der Paläomagnetiker sicher sein kann, daß seine Probe nicht zu sehr verwittert oder verformt ist, dann kann er die Breitenlage und die Orientierung der beprobten kontinentalen Masse berechnen. Der Längengrad bleibt dagegen wegen der zylindrischen Symmetrie des axialen Dipols und des durch ihn erzeugten Feldes unbestimmt.

Auf diese Weise haben wir den großartigen Rotsedimenten der sog. Takena-Formation das Geheimnis ihrer Breitenlage während der Sedimentation entlocken können. Die Takena-Formation ist etwa 100 Mio. Jahre alt und streicht unweit Lhasa und auf einem großen Teil des Tibetanischen Hochlandes aus: ungefähr 15°N, ein tropisches Environment mit großen fluviatilen Deltas, das mehr als 1500 km südlich der gegenwärtigen Position lag. Anschließend sind die roten Sandsteine gefaltet worden und zwar ohne jeden Zweifel während der ersten Phasen der Kollision, dann wurden sie teilweise abgetragen und schließlich diskordant von dunklen Laven überlagert. Dabei handelt es sich um Andesite, die typischerweise dort entstehen, wo eine tektonische Platte (hier der Indischen) unter eine andere (das asiatische Tibet) abtaucht. Diese größenordnungsmäßig 50 Mio. Jahre alten Laven haben in etwa dieselbe Paläo-Breitenlage angezeigt: Der etwa Ost-West verlaufende Südrand von Asien hatte sich während 50 Mio. Jahren kaum bewegt, bevor die Kollision nun wirklich ausschlaggebende Bedeutung erlangt.

Wir kamen also allmählich zu einer guten Vorstellung von der Geographie Tibets in der Kreide und zu Beginn des Tertiärs. Um die genaue Geschichte der Kollision zu rekonstruieren und die Verkürzung im Inneren des Himalaya zu berechnen, reichten uns die gleichen Informationen von der anderen Seite des Gebirges, d.h. aus Indien. Eine

---

[8]   Vgl. Fußnote 5 in Kap. 2.

[9]   Ebenso wie die Ozeanographen submarine Berge und die Planetologen Gebirge auf anderen Planeten unter Anleihe aus der Mythologie benennen, oder indem sie an ihre großen Vorgänger denken.

[10] In Paris, auf 48° nördlicher Breite, sollte die Inklination eigentlich 61° betragen. Wegen der Säkularvariation (und wegen des nicht dipolaren Feld-Anteils) beträgt sie heute in Wirklichkeit größenordnungsmäßig 64°. Die Formel, mit der sich aus der Inklination I die geographische Breite θ (der Winkel zwischen dem Pol und der betreffenden Lokalität) errechnen läßt, ist relativ einfach, und wir bieten sie dem interessierten Leser zur geistigen Nahrung: $\tan I \cdot \tan\theta = -2$.
Das ist die Grundlage für die paläomagnetischen Rekonstruktionen von Paläo-Breiten. Eine der ersten Anwendungen geht auf RUNCORN zurück (vgl. den Anfang dieses Kapitels).

Durchsicht der Literatur ergab, daß es leider nur sehr wenige neue Daten von guter Qualität über den stabilen, nicht deformierten Teil des Subkontinents gab.

In Indien hatte übrigens, wie wir gesehen haben, in den 50er Jahren die Geschichte der modernen Paläomagnetik begonnen. KEITH RUNCORN und seine Kollegen hatten wohl die Drift Indiens gezeigt, aber ihre Daten waren alt und spärlich und waren nicht hinreichend genau, um die vom Himalaya und Tibet absorbierte Verkürzung zu messen und deren Zunahme im Laufe der Kollision zu verfolgen.

Die Plateaubasalte des Dekkan-Gebietes

Wir hatten gerade die Position Asiens für den Zeitraum zwischen 100 und 50 Mio. Jahren vor heute bestimmt; nun mußten wir dasselbe noch für Indien machen. Die Kreide-Zeit, die uns interessierte, wird auf geologischen Karten traditionell in Grün dargestellt: Die Karte Indiens zeigte einen ungeheuer großen grünen Flecken, der fast die Größe Frankreichs hatte: Die Plateaubasalte des Dekkan-Gebietes (schwarz in Abb. 11). Dabei handelt es sich um einen riesigen Stapel basaltischer Lava-Ergüsse, die oft stark verwittert sind und zum überwiegenden Teil eine vegetationsbedeckte Hochebene mit sehr geringen Höhenunterschieden ausbilden. Der Untergrund ist durch tropische Verwitterung oft lateritisiert, und Aufschlüsse frischer Gesteine, also von guter Qualität, sind dort nicht gerade häufig. Das Hochland fällt flach nach Osten ab; folglich sind die Höhenunterschiede entlang der Westküste Indiens ausgeprägter. Flüsse haben Schluchten eingeschnitten, in denen Profile durch den vulkanischen Stapel von mehr als 1.500 m Mächtigkeit aufgeschlossen sind.

Die Erosion hat dort ein charakteristisches Schichtstufen-Relief herausmodelliert, das zu der Bezeichnung „Trapp"[11] für diese Formation geführt hat (Abb. 12). Diese Laven waren mit Hilfe der K/Ar-Methode auf Alter zwischen 30 und 80 Mio. Jahren vor heute datiert worden. Sie entsprachen somit in großen Zügen der Zeit, für die wir über Daten aus Tibet verfügten.

Die Paläontologen JEAN-JACQUES JAEGER und ERIC BUFFETAUT, damals an der Universität Paris VI, hatten ein breit orientiertes Programm wissenschaftlicher Zusammenarbeit mit mehreren Ländern Süd- und Südostasiens begonnen, insbesondere in Indien mit ASHOK SAHNI und mit der Universität von Chandigarh. Mit diesem Kollegen begann unsere Arbeitsgruppe (JEAN BESSE, ich und ein neuer Student, DIDIER VANDAMME, dem dieses Projekt zur Promotion vorgeschlagen worden war) in den Jahren 1984 und 1985, die Basalte des Dekkan zu beproben. Das erfolgte an möglichst langen Profilstrecken, von Bombay im Westen bis Nagpur und Jabalpur im Nordosten. Einige Monate nach unserer Rückkehr ins Labor wurden wir mit einem Ergebnis konfrontiert, das wir beim besten Willen nicht erwartet hatten: Die Mehrzahl der Proben zeigte dieselbe – inverse – Polarität. Dort, wo man über Folgen von übereinander gelagerten Ergüssen verfügte, beobachtete man praktisch niemals eine Umpolung. Eine Zusammenstellung und kritische Analyse aller seit den 60er Jahren veröffentlichten Ergebnisse zeigte uns schnell, daß man dort, wo Hunderte von Metern übereinanderliegender Laven beprobt worden waren, niemals mehr als zwei Umpolungen beobachtete, viel häufiger nur eine einzige oder gar keine. Bald drängte sich uns der Eindruck auf, daß in den Laven-Stapeln des Dekkan, die insgesamt immerhin mehr als 2.000 m mächtig sind, nur zwei Umpolungen des Erdmagnetfeldes aufgezeichnet waren. Der Einsatz von 1985 galt in ei-

---

[11] Man findet den Ursprung dieses Wortes in mehreren nordischen Sprachen. Es bedeutet „Treppenstufen". Der Begriff wurde 1746 von dem Schweden BERGMAN eingeführt.

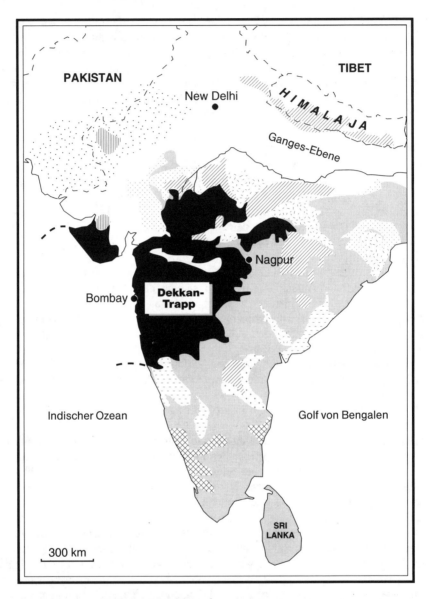

Abb. 11 Vereinfachte geologische Übersichtskarte von Indien: Die Plateaubasalte des Dekkan sind schwarz, die jungen Gesteine weiß dargestellt.

Abb. 12 Ein Blick auf die Plateaubasalte (Trapps, Treppenstufen) von Dekkan im Westen des indi-schen Subkontinents (Western Ghats; Foto: KEITH COX).

nem noch wenig beprobten Gebiet des Dekkan einer Überprüfung dessen, was bisher nur eine Hypothese war. Das Ergebnis war positiv: Alle unsere augenscheinlich komplexen Beobachtungen ließen sich erklären, wenn man die Hypothese zuließ, daß die Trapp-Basalte sehr weit, aber sehr flach gewellt sind, was mit bloßem Auge praktisch nicht sichtbar ist, aber mit den Vorstellungen der Vulkanologen über ihre Platznahme sehr gut zusammenpaßt.

Fünfhunderttausend Jahre oder fünfzig Millionen Jahre?

Wenn man bedenkt, daß sich das Erdmagnetfeld während des Zeitraumes von 80 bis 30 Mio. Jahren vor heute – das sind von den Geochronologen vorgeschlagene Alter – viele Dutzend Male umgepolt hat, dann war das Ergebnis unserer paläomagnetischen Messungen, die wir bis Juni 1985 fertig hatten, zumindest unerwartet. Aus Sicht der Paläomagnetiker sollte der Vulkanismus allerhöchstens einige wenige Millionen Jahre gedauert haben. Wo lag der Fehler? Wir mußten zunächst die mit der K/Ar-Methode gemessenen „absoluten" Alter überprüfen. Mit Hilfe eben dieser Methode hatte RAYMOND MONTIGNY am Institut de Physique du Globe de Straßburg neue Alter gemessen. Er beharrte darauf, daß ein Teil der Streuung der Ergebnisse auf den Verwitterungszustand der Proben zurückzuführen sein könnte. In Nizza benutzte GILBERT FÉRAUD das neuere Argon/Argon- Verfahren (^{39}Ar/^{40}Ar). Er engte die Zeitspanne auf nur noch 4 bis 5 Mio. Jahre ein, zwischen 63 und 67 Mio Jahre vor heute, d.h. auf eine Dauer von nur einem Zehntel der ersten K/Ar-Alter. Wir begannen, an der Verläßlichkeit jener alten Alter ernsthaft zu zweifeln.

Unsere Paläontologen-Kollegen hatten ihrerseits im Dekkan Reste von Dinosauriern und auch Säugetierzähne in dünnen Sedimentschichten gefunden; dabei handelt es sich um Überreste von Seen, die sich zwischen zwei Phasen vulkanischer Tätigkeit vorübergehend gebildet hatten. Der Vulkanismus hatte also wohl vor dem Ende des Mesozoikums begonnen. Ich widerstehe hier nicht der Lust, die Fundumstände einer der Entdekkungen unserer Paläontologen-Freunde ohne Selbstzensur zu erzählen. In der Nähe von Nagbur hatte einer der Doktoranden von ASHOK SAHNI jahrelang gegraben, geschlämmt und ohne großen Erfolg Tonnen von Sediment analysiert. Während wir einige Kerne für die Paläomagnetik bohrten, befriedigte ein anderer Paläontologe, HENRI CAPPETTA, ein natürliches und dringendes Bedürfnis. Dieses nicht gerade alltägliche Erosions-Agens förderte, vor den Augen des unglücklichen Doktoranden, ein kleines weißes Fragment von einigen Millimetern Größe zutage, das sofort Aufmerksamkeit erregte. Zu meiner großen Verwunderung erkannte HENRI CAPPETTA in wenigen Minuten einen Zahn eines Süßwasser-Rochen, der bis dahin nur in den Sedimentgesteinen der jüngsten Kreide (Maastricht) in Niger bekannt war. Somit hatte der Vulkanismus also im Laufe der letzten Stufe der Kreide begonnen.

JEAN-JACQUES JAEGER lenkte damals unsere Aufmerksamkeit auf Ergebnisse, die anhand eines Bohrkernes aus dem offenen Meer vor Bombay erzielt worden waren. Dort hatte man einige Lavaströme angebohrt, zweifellos Ausläufer der Trapp-Basalte. Sie waren dort marinen Sedimenten zwischengelagert, die sich leichter datieren und weltweit korrelieren ließen als die kontinentalen Sedimentgesteine, auf denen die Trappbasalte in Indien im allgemeinen lagern. Unter dem ersten Lavastrom fand man eine Zone, die durch eine planktonische Foraminiferen-Art mit dem anmutigen Namen *Abatomphalus mayaroensis* gekennzeichnet ist: Dieses Niveau entsprach tatsächlich der letzten und kürzesten Einheit des Maastricht, d.h. den letzten 1.000.000 Jahren des Mesozoikums.

Die Aussage dieses ganz kleinen marinen Fossils war sehr viel genauer als diejenige von den letzten Dinosaurier-Funden im kontinentalen Milieu.

Insgesamt erlaubten die paläomagnetischen, geochronologischen und paläontologischen Ergebnisse nur eine einzige zeitliche Einstufung. Die inverse Epoche[12], während derer der Hauptteil der Trappbasalte gefördert worden war, konnte offenbar nur die Anomalie 29R sein, ganz genau jene, in der man in Gubbio die Grenze Kreide/Tertiär gefunden hatte (Abb. 13)! Eine statistische Berechnung unter Berücksichtigung der Mächtigkeiten und der Polaritäten der Trappbasalte sowie der Dauer der Anomalie 29R führte uns zu dem Schluß, daß die Platznahme der ungeheueren Vulkanit-Masse in weniger als einer halben Million Jahre erfolgt war: 100mal so schnell, wie man am Anfang hatte glauben können. Mehr noch!

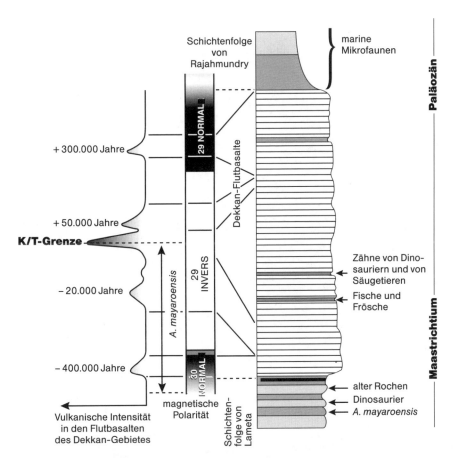

Abb. 13 Die Synthese der paläomagnetischen, paläontologischen und geochronologischen Daten der Dekkan-Plateaubasalte erlaubt nur eine einzige Deutung: Die Platznahme der Laven erfolgte in mehreren Phasen während einer Zeitspanne von größenordnungsmäßig 1/2 Mio. Jahren. Und die K/T-Grenze befindet sich irgendwo innerhalb der Serie (links die vermutete Geschichte der vulkanischen Eruptionen, in der Mitte die Skala der Inversionen des Erdmagnetfeldes (mit der inversen Epoche 29R in der Mitte) und rechts das Profil der Dekkan-Laven mit den sedimentären Einschaltungen und den darin gefundenen Leitfossilien.

---

[12] Vgl. die früheren Kapitel „Von magnetischen Profilen in den Ozeanen ... zur Magnetostratigraphie", S. 19ff.

Die Ergüsse fielen, soweit man das bei der damals möglichen zeitlichen Genauigkeit sagen konnte, exakt mit den biologischen Ereignissen zusammen, die den Übergang vom Mesozoikum ins Känozoikum kennzeichneten: Das absolute Alter der Trapp-Basalte war jenes, zu dem die Dinosaurier verschwunden waren. Es war schwierig, darin nur einen Zufall zu sehen. Deshalb haben wir 1986 vorgeschlagen, daß der Vulkanismus in Wirklichkeit der wesentliche Grund für das Massensterben hätte sein können. Plötzlich waren wir unfreiwillig zu Teilnehmern an der Auseinandersetzung über die K/T-Grenze geworden – und nicht im Lager der „Impaktisten". Wir mußten bald feststellen, daß man nicht darauf gewartet hatte, daß wir mit gewiß viel „dünneren" Daten vorschlügen, daß vulkanische Exhalationen, für die es heute kein Beispiel gibt, der Grund für das Ende der Dinosaurier gewesen seien. Der Impakt-Bewegung stand also bereits eine Vulkanisten-Bewegung gegenüber.

Kapitel 4 Das vulkanische Szenarium für das Massensterben

Wir waren in gewissem Maße gestrandet, wenn man an unser ursprüngliches Ziel denkt: Wir wollten doch die Bewegung Indiens über Zehner von Millionen Jahren beschreiben. Und das alles nur deshalb, weil die Gesteine, an die wir uns herangemacht hatten, nicht den langen Zeitraum abdeckten, der uns eigentlich interessierte, sondern nur einen kurzen geologischen Augenblick. Andererseits hatten wir gerade unerwarteterweise entdeckt, daß die Trapp-Basalte des Dekkan der Grund für das Massensterben an der Kreide/Tertiär-Grenze sein konnten. Aber war dieses aufregende Ergebnis, das wir uns Ende 1985[1] zu veröffentlichen anschickten, nicht vielleicht schon von anderen gefunden worden? War dieser Gedanke, den wir für ein wenig „revolutionär" hielten (und der vielen Spezialisten für kontinentale Basalte sicherlich als andersgläubig erscheinen mußte) nicht schon zuvor formuliert worden, wie das in allen Naturwissenschaften häufig vorkommt? Das war schon mit dem Asteroiden der beiden ALVAREZ der Fall gewesen. Der war bereits vor ihren Arbeiten wiederholt ins Spiel gebracht worden, beispielsweise schon 1973 durch den großen HAROLD UREY. Aber die Entdeckung des Iridiums durch die beiden ALVAREZ hatte diese Theorie ergänzt und ihr gleichermaßen qualitativ wie quantitativ zum Durchbruch verholfen.

Die Vorläufer

Im Dezember 1985 war ich auf der Herbsttagung der American Geophysical Union in San Francisco. Dieser jährliche Kongreß ist ein Stelldichein der weltweiten Geophysik. Unsere Ergebnisse, die wir seit Juni zum Teil niedergeschrieben hatten, waren noch nicht erschienen, und ich wollte sie deshalb noch nicht öffentlich vorstellen. Den Sonntag verbrachte ich bei einem Freund, MARVIN CHODOROW, Professor in Stanford und ehemaliger Direktor des Microwave Laboratory. Ihm gegenüber erwähnte ich unsere Vorstellungen. Für Neuigkeiten auch jenseits seiner eigenen Disziplin immer aufgeschlossen, erinnerte er sich, gerade einen Aufsatz zu diesem Thema in der wöchentlich erscheinenden Zeitschrift *Science* gelesen zu haben. Auf diese Weise habe ich die wesentliche Publikation entdeckt, in der die Geophysiker CHUCK OFFICER und CHUCK DRAKE, vom Dartmouth College in den östlichen Vereinigten Staaten, die Impakt-Hypothese angriffen und die Vorstellung vertraten, daß die Ereignisse an der K/T-Grenze mindestens 10.000 bis 100.000 Jahre gedauert haben könnten. Für sie konnten die physiko-chemischen Anomalien der Grenze genausogut mit einer Quelle im Erdinneren erklärt werden. Sie bemerkten auch, daß der Dekkan-Trapp ohne Zweifel ziemlich kurzzeitig entstanden war, ohne allerdings im Stande zu sein, das zu präzisieren und zu datieren. Jeder Wissenschaftler wird leicht begreifen, daß mich die Lektüre dieses Artikels mit widersprüchlichen Gefühlen erfüllte: Kummer darüber, daß wir nicht die ersten waren, die dieses Szenarium formulierten, und Erregung zu sehen, daß unabhängige Arbeiten unsere Ansichten unterstützten.

---

[1] Zwei Aufsätze sind in den *Comptes rendus de l'Académie des Sciences de Paris* und in der internationalen Zeitschrift *Earth and Planetary Science Letters* erschienen.

Seither habe ich ein halbes Dutzend Arbeiten gefunden, in denen man die Prämissen findet, ja selbst die schon gut entworfene Darstellung eines guten Teils unserer Hypothesen. Einige waren in Spezialzeitschriften der Paläontologie oder der Klimatologie veröffentlicht worden, die Geophysiker wie ich kaum kennen. Ich sollte im übrigen nicht alleine bleiben; denn diese Aufsätze wurden in der Folgezeit kaum zitiert, und ich habe Mühe gehabt, Zitate oder Kopien von einigen von ihnen zu erhalten. Aus dieser Literaturrecherche möchte ich einige Namen und Daten herauspicken: die Namen derer, die heute als die wesentlichen Vorgänger erscheinen, und die Publikationsdaten ihrer frühesten Gedanken.

Schon 1968 stellte MICHAEL MCELHINNY, einer der weltweit größten Paläomagnetiker, die geringe Zahl von Inversionen im Dekkan-Trapp fest. Er stützte sich auf eine noch sehr unsichere Chronologie der Inversionen des magnetischen Feldes und schlug vor, daß die Hauptphase des Vulkanismus nicht viel länger als 5 Mio. Jahre hatte dauern können. PETER VOGT nutzte dieses Ergebnis und die Alter der Trapp-Basalte und der Kreide/Tertiär-Grenze, die er auf 63 bis 70 Mio. Jahre vor heute schätzte. Er scheint mir der erste gewesen zu sein, der schon 1972 einen Zusammenhang zwischen bedeutenderem Vulkanismus und Massensterben erkannte. Er schätzte die Dauer dieser Katastrophen auf gut 5 Mio. Jahre und zog weitere vulkanologische Phänomene heran, wie die Entstehung der Thule-Provinz[2]. Die aber ist in Wirklichkeit deutlich jünger. Der Auslöschungs-Mechanismus bestand für ihn darin, daß große Mengen toxischer Metalle in die Atmosphäre injiziert wurden, deren Konzentrationen im Meerwasser normalerweise sehr gering sind. Man kann noch den Namen des großen amerikanischen Geophysikers aus Princeton, JAMES MORGAN, zitieren, eines der Väter der Plattentektonik[3]. Der hatte 1982 ebenfalls vorgeschlagen, die Auslöschungen an der K/T-Grenze mit den Dekkan-Trapp-Vorkommen in Beziehung zu setzen.

Kohlendioxid und biologische Pumpe

Das erste detaillierte Modell der möglichen Klima-Folgen des Dekkan-Trapp-Vulkanismus hat DEWEY MCLEAN schon 1981 vorgeschlagen. Er hat es dann in einem erstaunlich feindseligen Klima z.T. von seiten LUIS ALVAREZ', hartnäckig verteidigt. Auf der Grundlage gleichwohl sehr geringer Daten war er von der Koinzidenz zwischen Massensterben und Dekkan-Vulkanismus überzeugt. Als Spezialist des Kohlenstoff-Kreislaufes in der Atmosphäre und der Hydrosphäre betonte MCLEAN besonders, daß der Trapp-Vulkanismus etwa das 10fache des heutigen CO_2-Gehaltes der Atmosphäre hätte freisetzen müssen. Die Ozeane waren im Vergleich zu heute durchschnittlich viel wärmer. Deshalb wären sie nicht in der Lage gewesen, dieses Gas in Lösung aufzunehmen; es hätte sich daher in den oberflächennahen Wasserschichten und in der Atmosphäre angereichert. Die daraus resultierenden chemischen und physikalischen Bedingungen hätten die Photosynthese und die $CaCO_3$-Produktion deutlich verringert. Das hätte zu einem „toten Ozean" geführt und würde nun die in vielen Profilen der K/T-Grenze vorhandene Tonschicht erklären.

In normalen Zeiten entnehmen die einzelligen Algen das CO_2, das sie zur Konstruktion ihrer Kalkskelette brauchen, aus Wasser und Luft. Wenn sie sterben, sinken ihre

---

[2] So bezeichnet man ein bedeutendes Vorkommen vulkanischer Gesteine, die im NW der Britischen Inseln (u.a. Mull, Rhum und Skye) und entlang der ganzen Ostküste Grönlands ausstreichen.

[3] Zusammen mit dem Briten DAN MCKENZIE und dem Franzosen XAVIER LE PICHON.

festen Reste auf den Grund, wo sie in die Sedimente eingebettet werden. Das ist die sog. „biologische" oder „Williams-Riley-Pumpe". Der Hauptteil des Kohlenstoffs der Erde ist somit nicht in Form von CO_2 im Wasser oder in der Atmosphäre gespeichert, sondern eher in Gesteinen – beispielsweise in jenen der berühmten weißen Kliffs an der Kanal-Küste. MCLEAN hat vorgeschlagen, daß sich ein Teil der vulkanischen Gase in den Oberflächen-Wässern gelöst und deren chemische Zusammensetzung und den pH-Wert grundlegend verändert hätte. Dadurch wären diese Algen abgestorben und die Pumpe unterbrochen worden. Wenn man deren Funktion mit einem Schlag anhielte, würde sich der Gehalt an CO_2 in der Atmosphäre in 25 Jahren verdoppeln. Tatsächlich schluckt die Pumpe jedes Jahr $2 \cdot 10^{15}$ Mol Kohlenstoff, 1000mal soviel, wie alle heute tätigen Vulkane der Erde produzieren. Die Argumentation von MCLEAN erschien bei der damaligen Datenlage wie eine gewagte Behauptung. Zweifellos führte das zum Teil zu dem Klima der Aggressivität, in dem er seine Vorstellungen zu verteidigen versucht hatte.

MARC JAVOY und GIL MICHARD vom Institut de Physique du Globe de Paris und der Universität Paris VII haben seitdem die klimatischen Folgen modelliert, die 50 vulkanische Ereignisse vom Ausmaß der großen Lavaströme der Trapp-Basalte zur Folge gehabt hätten. Dabei gingen sie davon aus, daß alle 2000 Jahre ein solches Ereignis stattfand und einige Jahre dauerte[4]. Nach ihrer Modellrechnung werden die Auswirkungen einer jeden Freisetzung von CO_2 durch die fortschreitende Zerstörung der biologischen Pumpe und insbesondere durch die Wiederholung dieser Freisetzungen verstärkt. Der Ozean ist dann immer weniger in der Lage, CO_2 aufzunehmen, was dazu führt, daß der CO_2-Gehalt in der Atmosphäre vielleicht auf mehr als das fünffache stieg. Zudem nahm die Temperatur der unteren Atmosphäre durch den Treibhaus-Effekt um mehr als 10 °C zu. Das ist bemerkenswert[5]. Solche Modellrechnungen sind natürlich in hohem Grade unsicher. Und so kommen andere Forscher zu thermischen Auswirkungen von nur wenigen Graden. Aber die Kurzzeit-Folgen großer vulkanischer Eruptionen sind zweifellos eher ein furchtbarer Winter und saurer Regen. Darauf deuten aktuelle Untersuchungen einiger großer historischer Eruptionen hin.

Der Gedanke von Benjamin Franklin

BENJAMIN FRANKLIN schlug als erster vor, daß Vulkanismus zu bedeutsamen Klima-Veränderungen führen kann. Er war damals Botschafter der jungen amerikanischen Republik in Frankreich, als ihn 1783 zahlreiche Zeugnisse einer außergewöhnlichen Klima-Änderung in Nordeuropa verblüfften: ungewöhnliche Himmelsfarben während des Tages und bei Sonnenuntergang, merkwürdige Dauernebel, anomale Temperaturen während des Sommers. Ein bläulicher Dunst trieb über Europa hinweg und wurde 50 Tage später aus dem Altai-Gebirge in China vermeldet. Der Winter 1783/84 war in Europa besonders streng.

FRANKLIN hatte von vulkanischen Eruptionen in Island Wind bekommen und kam auf die Idee, diese beiden Phänomene miteinander in Verbindung zu bringen. In einer Mitteilung an die Literarische und Philosophische Gesellschaft von Manchester[6] schlug er

---

[4] Ihre Ergebnisse haben nicht die verdiente Anerkennung gefunden. Allerdings ist ihre Veröffentlichung auch ein wenig „vertraulich" erfolgt.

[5] Eine Veränderung der Mittleren Temperatur der unteren Atmosphäre um ein halbes Grad ist schon ein signifikantes Ereignis. Wir werden darauf zurückkommen.

[6] Seine Mutmaßungen werden in einem ausgezeichneten Aufsatz von H. SIGURDSSON (1982) wiedergegeben: EOS, Transactions of the American Geophysical Union, 63. – Washington (AGU).

vor, daß der Nebel auf die Eruptionen zurückginge und daß er den Durchgang des Sonnenlichtes abschwäche. Aufzeichnungen aus jener Zeit bestätigen, daß die Temperaturen auf der Nordhalbkugel damals ihren seit 2 Jahrhunderten niedrigsten Wert erreichten. Die Auswirkungen hatten im Sommer 1783 begonnen, und haben sich über wenigstens zwei Jahre erstreckt. Der große isländische Vulkanologe THORARINSSON hat die Ereignisse rekonstruiert, die sich in Island von Juni 1783 bis März 1784 abgespielt haben. Im Südosten der Insel, in der Nähe des Laki-Berges, hat sich nach einer Reihe von Erdbeben eine Spalte geöffnet, und über eine Strecke von mehr als 25 km haben sich Explosionskrater gebildet. In einigen Monaten waren etwa ein Dutzend Kubikkilometer basaltischer Lava aus der Spalte ausgeflossen, das waren die bedeutendsten Effusionen in historischer Zeit. Freigesetztes Gas, im wesentlichen CO_2 und SO_2, hat die Vegetation zerstört, damit auch Weiden und Ackerflächen. Das hatte die größte Hungersnot zur Folge, die die Insel je erlebt hat: Zwischen 50 und 80 Prozent des Viehs, der Schafe und der Pferde, sind eingegangen. Zudem ist ein Viertel der Bevölkerung gestorben. Ähnliche Ereignisse, wenn auch weniger ausgeprägt, waren die Folge der großen Eruptionen des Tambora (1815) und des Krakatau (1885).

Die großen Eruptionen insbesondere bei Vulkanen mit sauren und zähflüssigen Laven fördern große Aschenmengen. Wenn diese Aschen hoch in die Atmosphäre injiziert werden, reflektieren sie einen Teil des Sonnenlichtes. Auf diese Weise können sie eine Temperatur-Erniedrigung bewirken. Bis in die 50er Jahre machte man im wesentlichen diese Stäube für die klimatischen Folgen vulkanischer Eruptionen verantwortlich. Erst die Eruption des Vulkans Agung im Jahre 1963 lenkte die Aufmerksamkeit auf die wahrscheinliche Rolle des Schwefels in den ausgestoßenen Aerosolen. Das vulkanogene Schwefeldioxid verbindet sich mit Wasser und bildet winzige Schwefelsäure-Tröpfchen. Wenn diese in ausreichenden Mengen vorkommen und in der hohen Atmosphäre hinreichend verbreitet sind, können sie Abkühlung, eine teilweise Zerstörung der Ozonschicht und schließlich sauren Regen zur Folge haben. Diese Tröpfchen verbleiben wesentlich länger in der Atmosphäre als die Stäube. Letztere bilden kleinere Aggregate und fallen im allgemeinen ziemlich schnell zur Erde zurück und zwar nur einige 100 km vom Ort der Eruption entfernt.

Vulkanische Tätigkeit und Klima

Es gilt heute als gesichert, daß die klimatischen Auswirkungen einer Eruption nicht alleine von der Gesamtmasse der geförderten Aschen und Gase abhängen, sondern auch von der Zusammensetzung dieser Gase, von der Ejektions-Rate und von der Höhe, die die Eruptionswolke in der Atmosphäre erreicht. Sie hängen weiterhin natürlich von der geographischen Breite des Vulkans ab und davon, ob atmosphärische Strömungen diese Aerosole weit verteilen. Ein submariner Vulkanausbruch hat vernachlässigbare Auswirkungen im Vergleich mit einem Ausbruch unter freiem Himmel. Die Vulkane der Inselbögen – der Gebiete, wo eine tektonische Platte unter eine andere in Richtung Erdmantel abtaucht – fördern im allgemeinen an Kieselsäure reichere Laven, ihre Eruptionen sind besonders explosiv. Die jungen Ausbrüche des Mt.St.Helens (1980), des El Chichon (1982), des Nevado del Ruiz (1985) und des Pinatubo (1991) gehören hierzu. In kurzer Zeit können sie Dutzende von Kubikkilometern an Pyroklastika fördern, und ihre Eruptionswolken erreichen mehr als 10 km und bisweilen bis zu 50 km Höhe. Das gilt insbesondere für die berühmten plinianischen Eruptionen. (Deren Bezeichnung geht auf den Ausbruch des Vesuv im Jahre 79 zurück, bei dem PLINIUS d.Ä. ums Leben gekommen ist). Bei diesen Ausbrüchen kann die Förderrate Milliarden Kilogramm in der Sekunde (10^9 kg/s) erreichen. Die Eruption des Tambora (1815) hat 50 km^3 Lava gefördert; aber jene des Toba in Indonesien, die auf 75.000 Jahre vor heute datiert wird, hat mehrere Tausend km^3 produziert, und ihre Aschen sind 2500 km weit geflogen[7].

Untersuchungen der Auswurfmassen dieser großen Eruptionen und – erstaunlicherweise – auch der Eiskerne, die in Grönland und in der Antarktis erbohrt worden sind, haben in jüngster Zeit eine sehr genaue physiko-chemische Analyse dieser bemerkenswerten Ereignisse erlaubt. Die auf den Eisschilden angesammelten und dann in Eis verwandelten Schnee-Massen haben Gasblasen eingeschlossen: Die Chemie dieser Gase und des seither gefrorenen Wassers bewahren das Klima-Gedächtnis. Auf diese Weise hat man zeigen können, daß offenbar der Schwefel-Gehalt der bestimmende Faktor bei den klimatischen Auswirkungen einer Eruption ist. Beim Ausbruch des Mt. St. Helens wurde nur sehr wenig Schwefel gefördert, und seine Auswirkungen beschränkten sich auf eine Temperatur-Erniedrigung um 1/10 Grad. Viel mehr Schwefel förderten die Ausbrüche des El Chichon oder des Pinatubo, und entsprechend markanter waren ihre Auswirkungen: in der Größenordnung von zwei oder drei Zehntelgraden. Der stärkste historische Ausbruch eines Inselbogen-Vulkans, jener des Tambora, hat einige Zehner Milliarden Kilogramm Schwefel[8] freigesetzt, die Temperatur der Nordhalbkugel um 0,7 Grad erniedrigt und zweifellos fast ein Zehntel der Ozon-Schicht zerstört. Wenn man die dieserart erhaltene Beziehung zwischen Schwefel-Produktion und Temperatur-Absenkung extrapoliert, ergibt sich, daß die gigantische Toba-Eruption eine Temperaturerniedrigung um 4 Grad bewirkt haben dürfte[9].

Von Hawaii zum Dekkan: Maßstabs-Effekte

Die Hotspot-Vulkane, auf die wir im Folgenden zurückkommen werden, sind von anderer Art. Die isländischen Vulkane, der Kilauea auf Hawaii, der Piton de la Fournaise auf Réunion sind dafür die am besten bekannten Beispiele. Sie fördern dünnflüssige basaltische Laven, ihre Eruptionen haben im allgemeinen keine explosive Phase[10], und sie erzeugen auch keine größeren Mengen an Staub. Aber ihre Förderprodukte sind häufig schwefelreicher als die der Inselbogen-Vulkane. (Dort liegt der Gehalt bei einigen Promille). Folglich hat die Laki-Eruption, über die sich BENJAMIN FRANKLIN Gedanken gemacht hatte, Zehner von Milliarden Kilogramm Schwefel in die Atmosphäre emittiert, also mehr als der Tambora, der andererseits 5mal soviel Lava gefördert hatte.

Und dennoch ist der Laki-Lavastrom nichts im Vergleich zu den großen Flutbasalten, die bei der Entstehung der Trapp-Decken ausgeflossen sind. Ein einziger Trapp-Strom des nach dem Fluß benannten Columbia-Plateaus, der „Roza flow", erreicht 400 km^3. (Er wird auf 16 Mio. Jahre datiert und ins Miozän gestellt.) Seine Auswirkung auf das Klima wird mit 4 Grad angenommen. Die große Frage ist aber, ob diese nicht-

---

[7] Die Mächtigkeit dieser Aschenlagen erreicht bei dieser Entfernung nach der Kompaktion Zehntelmillimeter. Das entspricht, auch wenn man es nicht vermuten sollte, einem sehr bedeutenden Gesamtvolumen. Davon kann sich der Leser durch eine einfache geometrische Rechnung überzeugen.

[8] Die menschliche Gesellschaft emittiert heute in jedem Jahr 50 Milliarden (50 x 10^9) kg Schwefel in die Troposphäre.

[9] Aber es ist nicht sicher, ob eine solche Rechnung berechtigt ist, denn nicht-lineare Effekte können bei diesen Paroxysmen sehr wohl die Oberhand gewinnen.

[10] Obwohl man dafür beispielsweise auf Hawaii Belege hat.

explosiven Vulkane in der Lage sind, die unterhalb der Tropopause erzeugten Aerosole in die Stratosphäre zu entsenden. Andernfalls hätten sie nur eine lokale Auswirkung und würden nicht in globalem Maßstab verteilt werden.

RICHARD STOTHERS, STEVE SELF und mehrere ihrer Kollegen am Vulkanologischen Observatorium von Hawaii haben die Eindringhöhe sog. Aschenwolken berechnet, die sich durch Konvektion über typischen großen Lavafontänen von basaltischen Spalten-eruptionen bilden. Diese Berechnungen ergeben, daß die großen, über Hawaii entstehenden Aschenwolken nur 6 km Höhe erreichen und somit in der Troposphäre bleiben. Jene der Laki sollten 10 km erreicht und die Tropopause gestreift haben. Der „Roza flow" mit seinen 100 km langen Spalten und einer Eruptionsleistung von 1 km³ Lava pro Spalten-Kilometer und Tag, die zweifellos mehrere Tage anhielt, sollte eine Lava-Fontäne von nahezu 1000 m Höhe erzeugt haben und eine Aschenwolke, die die Stratosphäre vollauf erreicht haben müßte. Im Dekkan-Trapp müssen die Spalten 400 km Länge und das Volumen einiger Flutbasaltströme mehrere 1000 km³ überschritten haben. Man kann sich also die Auswirkungen einer einzigen Eruption dieser Art vorstellen, zu denen es auf der Erde seit Millionen Jahren nichts Vergleichbares gegeben hat: eine verdunkelte Atmosphäre (das Sonnenlicht war auf ein Millionstel abgeschwächt, was der Helligkeit einer Vollmondnacht entspricht), anomale klimatische Verhältnisse für ein bis zehn Jahre mit einer Temperaturabsenkung um fast 10 Grad und reichlich Niederschläge von schwefelsaurem Regen. Man stellt sich weiterhin die Folgen solcher Ereignisse vor, wenn sie sich über einige zehn- oder hunderttausend Jahre immer wiederholen. Der auf jede größere vulkanische Eruptionsphase folgende vulkanische Winter würde von den Auswirkungen einer längerfristigen Emission von Kohlendioxid und dem sich daraus ergebenden Treibhaus-Effekt abgelöst – wie wir weiter oben gesehen haben.

Vulkanismus und Iridium

Das Alter und die Dauer der Platznahme der Dekkan-Flutbasalte und die dadurch hervorgerufenen bemerkenswerten Störungen des Klimas suggerieren ein für eine ökologische Katastrophe glaubwürdiges Szenarium, das durchaus zum Massensterben an der Kreide Tertiär-Grenze geführt haben könnte. Dieses Szenarium steht übrigens demjenigen ziemlich nahe, das von den Anhängern der Asteroiden-Theorie vorgeschlagen wurde – abgesehen von der Dauer, die Jahrzehntausende oder Jahrhunderttausende beträgt im Gegensatz zu Tagen oder Monaten – es ist aber ebenso katastrophal. Aber kann man mit dem Trapp-Vulkanismus auch die physikalischen und chemischen Anomalien erklären, die Grundlagen für das Impakt-Szenarium waren? Auf diese Frage antwortete LUIS ALVAREZ noch 1986 kategorisch mit Nein[11]. Dennoch, die Arbeiten von CHUCK OFFICER und CHUCK DRAKE und insbesondere jener Aufsatz, den ich 1985 in Science lesen konnte, sodann eine ganze Reihe von Arbeiten, die seither von zahlreichen Autoren publiziert worden waren, mußten den Grad seiner Gewißheit sehr erschüttern. Wir müssen nun die Summe der Argumente und der Beobachtungen nacheinander durchgehen, um *wirklich genau zu sein*.

Wie steht es zunächst einmal mit der berühmten Ton-Schicht an der K/T-Grenze? Sie wird als Verwitterungsprodukt von Staubablagerungen gedeutet, die als Folge des Impaktes in sehr kurzer Zeit auf dem ganzen Globus abgelagert wurden. In Wirklichkeit ist dieser Ton nicht überall vorhanden. In Stevns Klint oder in Gubbio beobachtet man

---

[11] Wir werden in Kap. 7 sehen, daß seine Stellung seither merklich geschwächt ist.

zahlreiche identische tonige Zwischenmittel, nicht nur an der Grenze, sondern genauso mehrere Meter darüber und darunter. In Dänemark besteht die Schicht durchgängig aus einem magnesiumreichen Smektit, einem Tonmineral. Das Vorkommen von Labradorit, eines bezeichnenden Feldspates[12], und auch die Zusammensetzung des Tones deuten dort eher auf das Verwitterungsprodukt basaltischer vulkanischer Aschen hin[13].

Dann das Iridium. Seine Konzentration schwankt in den Profilen über die K/T-Grenze in extremem Maße, von 0,1 bis fast 100 ppb. Somit stellt sich das Problem der Definition einer Iridium-„Anomalie". Man kennt Anreicherungen von 1 bis zu einigen ppb in Gesteinen unstrittiger irdischer Entstehung. Das Iridium-Maximum liegt in Nordamerika an der Basis eines Kohleflözes. In Europa und in Neuseeland ist es an Schichten gebunden, die reich an organischer Substanz sind. Nun können sich in dem für die Kohleentstehung günstigen Moor-Milieu Metalle, wie z.B. Iridium, anreichern. HANSEN hat festgestellt, daß die Verteilungen von Iridium und Kohlenstoff miteinander korreliert sind und daß der Kohlenstoff Bryozoen (i.a. marine, koloniebildende Organismen) überkrustete: Er hat vorgeschlagen, daß der Kohlenstoff, der offensichtlich in aufeinanderfolgenden Abschnitten von ziemlich langer Dauer abgelagert wurde, der Träger des Iridiums war.

Dann hat man festgestellt, daß die erhöhten Iridiumkonzentrationen nicht nur auf die genaue zeitliche Grenze zwischen Kreide und Tertiär beschränkt sind, sondern daß sie sich im allgemeinen im Liegenden und im Hangenden über mehrere Meter verfolgen lassen. So hat ROBERT ROCCHIA zahlreiche Profile beschrieben, wo er selbst oder andere Autoren einen Beweis dafür gesehen haben, daß die Iridium-Quelle, wie immer sie auch beschaffen gewesen sein mag, nicht nur während einiger Jahre funktioniert hatte, sondern im Laufe mehrerer hunderttausend Jahre[14]. Die Befürworter der Asteroidentheorie haben lange Zeit ganz einfach die Möglichkeit in Abrede gestellt, daß der Vulkanismus bedeutende Iridium-Mengen liefern kann. Seit 1983 haben nun aber Amerikaner, ED ZOLLER und seine Mitarbeiter, dafür in den vom Kilauea auf Hawaii emittierten Aerosolen sehr gute Belege erbracht. Kurze Zeit später haben die Franzosen TOUTAIN und MEYER Iridium in den Fumarolen des Piton de la Fournaise auf la Réunion entdeckt. Die Hot-spot-Vulkane, deren Ausgangspunkt viele in sehr großer Tiefe, im Oberen Mantel, und nicht in der Kruste annehmen, können also Iridium liefern[15].

Es gibt zahlreiche geochemische Hinweise, die über jeden Zweifel erhaben sind, daß die an der K/T-Grenze akkumulierten Elemente nicht aus der Erdkruste selbst stammen können. Aber sie können genauso gut aus dem Oberen Mantel wie von einem extraterrestrischen Körper stammen. Die Charakteristika dieser zwei Arten von geochemi-

---

[12] Die Feldspäte sind – neben Quarz, Glimmern, Pyroxenen und Olivinen – die maßgeblichen Silikatminerale in der Mehrzahl der Magmatite. [In dieser Auflistung fehlen die Amphibole.] Das Verhältnis dieser Hauptelemente ist die Grundlage für die Gliederung dieser Gesteine. Die Gehalte an Ca, Na oder K eines Feldspats erlauben ihrerseits eine präzise Einteilung. Die ermöglicht es, die chemischen und thermodynamischen Bildungs-Bedingungen des entsprechenden Gesteins zu rekonstruieren.
Labradorit ist ein schönes, blau schillerndes Mineral, das gerne an Bankgebäuden und auf Friedhöfen als (monomineralischer) Dekorationsstein verwendet wird.

[13] Das ist beispielsweise der Standpunkt von CHUCK OFFICER.

[14] ROCCHIA glaubt heute, daß das Iridium tatsächlich auf diagenetisch-chemischem Wege ziemlich weit von der K/T-Grenze fort verteilt worden ist.

[15] Entsprechend hat man in ozeanischen Bohrkernen vulkanische Aschenlagen entdeckt, die von rjüngeren Eruptionen in der Antarktis stammen und Iridium in Konzentrationen bis 7 ppb enthalten. Vor kurzem haben Forscher Iridium in den Vulkanen auf Kamtschatka entdeckt. In diesen beiden Fällen handelt es sich aber nicht um Hotspot-Vulkane.

schen Reservoiren liegen sehr nahe beieinander. Unsere indirekte Kenntnis der Chemie dieser tiefen Teile der Erde beruht zum großen Teil auf der direkten Kenntnis von Meteoriten. Viele von denen werden als die wenig veränderten Zeugen der frühen Phasen des Zustands der Materie zum Zeitpunkt der Entstehung der Erde angesehen[16]. Die Isotopen-Verhältnisse des Osmium beispielsweise, von denen LUCK und TUREKIAN sagten, daß sie auch für den Erdmantel charakteristisch sein könnten, sind nicht sehr verschieden von denen, die dieser ebengenannte LUCK zusammen mit ALLÈGRE in den irdischen Gesteinen des großen Bushveld-Komplexes in Afrika beobachtete.

Kann die gesamte Masse des an der K/T-Grenze auf der Erde abgelagerten Iridiums, in der Größenordnung von 200.000 bis 300.000 Tonnen, alleine durch den Dekkan-Trapp produziert worden sein?

Für die Mehrheit der Experten ist die Antwort negativ. Andererseits würde die Vulkanismus-Theorie die beobachteten Gehalte an Arsen, Antimon und Selen, die in Meteoriten kaum vorkommen, besser erklären als die Impakttheorie.

Vulkanismus und weitere Anomalien der K/T-Grenze

Drittes Element: Das sind die mikroskopisch kleinen, stark verwitterten basaltischen Kügelchen, die, wie wir gesehen haben, von den Verfechtern der Meteoriten-Theorie als Schmelztröpfchen gedeutet worden waren, die beim Impakt entstanden und anschließend weit verstreut worden sind. Manche von diesen Kügelchen sind hohl, andere nicht. Manche konnten als fossile Reste mikroskopisch kleiner Grünalgen identifiziert werden, die von sekundären Mineralen pseudomorph ersetzt wurden. Andere bestehen aus einem Feldspat, der für ein Verwitterungsprodukt des vermutlichen Ausgangsmaterials der Tröpfchen, geschmolzener Basalt, charakteristisch ist. Andere sind sogar als organische Schalen rezenter Insekteneier identifiziert worden, die im Gelände aus Versehen zusammen mit den Mineralproben eingesammelt worden waren. Kleine Kügelchen aus amorphem Glas, die auf Tahiti in den K/T-Profilen gefunden worden waren, sind kürzlich von Anhängern der Impakt-Hypothese anhand petrologischer und geochemischer Parameter als vulkanische Tropfen neuinterpretiert worden. Ganz und gar ähnliche Kügelchen sollen in paläozänen Tuffhorizonten im Westen Grönlands gefunden worden sein. Deren Ursprung ist unzweifelhaft vulkanisch. Diese Kügelchen sind reich an Iridium und enthalten auch Einschlüsse von nickelreichem Magnetit, die denen sehr ähnlich sind, die ROCCHIA und seine Mitarbeiter nur mit einem Meteoriten glaubten in Zusammenhang bringen zu können[17]. Sind die Mikrokügelchen wirklich ein geeignetes Mittel, um zwischen Impakt- und vulkanischem Staub zu unterscheiden?

Eines der stärksten Argumente zugunsten der Impakt-Theorie scheint wohl das Vorkommen von geschockten Quarzen zu sein, von denen wir in Kap. 2 ausgeführt haben, daß sie von BOHOR entdeckt worden sind. Unbestreitbar sind sie im Gefolge außerordentlich kurzer und heftiger, natürlicher oder künstlicher Schockereignisse beobachtet worden (Meteorit, Nuklearexplosionen oder Laborexperimente). Niemals aber hatte man sie in Produkten vulkanischer Eruptionen gefunden. Einige Berechnungen ließen daran denken, daß eine Explosion wie diejenige des Mt. St. Helens solche kristallinen Defekte

---

[16] Vgl. ALLÈGRE, CLAUDE: De la pierre à l'étoile. op.cit.

[17] Aber diese Ergebnisse sind nur als Abstract veröffentlicht worden. Und Robert ROCCHIA, der einige Proben in der Hand gehabt hat, glaubt, daß diese Spinelle nichts mit den kosmischen Spinellen gemein haben.

hervorrufen könnte. Aber dieses Modell ist kritisiert worden, und keine Untersuchung der Förderprodukte des Mt. St. Helens konnte es unterstützen. NEVILLE CARTER und CHUCK OFFICER glaubten, charakteristische Schock-Gefüge in Körnern beobachtet zu haben, die von der ungeheueren Toba-Eruption stammten. Aber JEAN-CLAUDE DOUKHAN konnte sie im Transmissionselektronenmikroskop nicht wiederfinden. Geschockte Quarze sind in rätselhaften geologischen Objekten gefunden worden, die man Kryptoexplosionen nennt, z.B. in dem großen Komplex des Vredefort-Domes in Afrika. Aber die Spezialisten sind über den Ursprung dieser Objekte vollständig uneins: Impakt oder Vulkanismus aus dem Erdmantel? Die Entstehung der für einen Schock bezeichnenden Fehlstellen hängt natürlich von den Eigenschaften des geschockten Materials sowie von der Dauer und der Intensität der Schockbeanspruchung ab. Man kann sich im übrigen fragen, warum die durch den Impakt überall verteilten Körner nicht beim Wiedereintritt in die Atmosphäre durch die starke Aufheizung die Spuren dieser Fehlstellen verloren haben. Schließlich verschwinden diese doch bei Temperaturen von einigen 100 Grad.

Diamanten unter den Ghats?

Man muß sich bewußt sein, daß der Vulkanimus des Dekkan seit Millionen von Jahren ohne Beispiel ist, und daß sogar der Ausbruch des Toba winzig war im Vergleich zu dem, was sich damals abgespielt haben muß. Der dünnflüssige und ruhige Basaltvulkanismus des Dekkan sollte bedeutende explosive Vorläuferphasen gehabt haben, während das Magma zur Oberfläche aufstieg und die sauren Gesteine der alten kontinentalen Kruste Indiens assimilierte. Solche explosiven Phasen fördern Kimberlite. Das sind ungewöhnliche Laven, die im Erdmantel[18] gebildete Diamanten führen. MARC JAVOY und ich selbst haben vorgeschlagen, die weltweit auftretenden geochemischen Strontium-Anomalien, die an der K/T-Grenze im marinen Milieu überliefert sind und in den Schalen von Organismen gemessen werden, als Spur eines solchen sauren explosiven Vulkanismus zu deuten. Dessen Zeugnisse wären nach unserer Vorstellung anschließend von den Basaltströmen überdeckt und bisher von der Erosion noch nicht wieder freigelegt worden. Fragen wir uns somit, ob nicht explosive kimberlitische Eruptionen dem Dekkan-Trapp-Vulkanismus vorausgegangen sind. Und weiter, ob diese eine derart außergewöhnliche Kraft entfaltet haben, daß die in Quarzen und Zirkonen beobachteten Fehler entstehen konnten. Diese Minerale würden dann aus den Schlotwänden stammen. Sollten sich somit noch unvermutete Diamant-Minen in einigen Kilometern Tiefe unter dem Plateau der Western Ghats befinden? Das Thema ist gerade wieder aktuell geworden, seit die Dänen HANSEN und TOFT in einer Aschenlage Quarze mit vielfältigen kristallinen Fehlern entdeckt haben. Diese Aschen sind Zeugen eines sauren explosiven Vulkanismus im Oberen Paläozän. Sollte dieser Befund bestätigt werden, hätte man dann allerdings den Beweis, daß diese so „charakteristischen" Fehlstellen auch durch explosiven Vulkanismus entstanden sein können. Man müßte fortan in der Umgebung bekannter Kimberlitaufschlüsse nach vom Schlot weit entfernten Aschenlagen mit geschockten, aber nicht wieder aufgeheizten Quarzen suchen. Solche Aufschlüsse aber sind sehr selten; denn sie sind zumeist von der Erosion abgetragen worden. Man kommt nicht umhin festzustellen, daß direkte Hinweise für die Förderung geschockter Quarze

---

[18] Vgl. den Aufsatz : SAUTER, V. & GILLET, P. (1994): Les diamants, messagers des profondeurs de la Terre. - La Recherche, **25**: 1238 – 1245; Paris.

durch vulkanische Eruptionen ziemlich mager sind. Demgegenüber werden gewichtige Argumente vorgebracht, daß die geschockten Quarze das beste Diagnose-Merkmal für einen Impakt seien.

Trapp-Basalte und Massensterben: eine anhaltende Katastrophe

Der Vulkanismus im Dekkan-Gebiet am Ende der Kreidezeit war keine Ausnahme. HERVÉ CHAMLEY aus Lille hat in Bohrkernen, die über dem Walvis-Rücken im Südatlantik gewonnen worden waren, größere mineralogische und geochemische Veränderungen festgestellt. Sie belegen auch in diesem Gebiet eine intensive vulkanische Aktivität während einiger hunderttausend Jahre. Die Dauer der Anomalien um die K/T-Grenze herum halte ich als solche für ein sehr wichtiges Argument zugunsten des vulkanologischen Modells. Zahlreiche Beobachtungen weisen glaubhaft darauf hin, daß die ökologische und physiko-chemische Krise wohl wenigstens 100.000 oder 200.000 Jahre vor dem Iridium-Niveau angefangen zu haben scheint. Sie umfaßte einige Phasen gesteigerter vulkanischer Tätigkeit und scheint die K/T-Grenze um 100.000 oder 200.000 Jahre überdauert zu haben. Häufig ist die Möglichkeit erörtert worden, daß die Anomalien ursprünglich auf ein einziges stratigraphisches Niveau beschränkt waren. Erst anschließend seien sie verdünnt und über eine größere Schichtmächtigkeit verteilt worden: Grabende Organismen können den Meeresboden, in dem sie leben, dezimetertief umpflügen. Bestimmte chemische Elemente können in Porenlösungen über größere Entfernungen verfrachtet werden. Aber man sieht noch nicht, wie man körperhafte Objekte, wie Kügelchen, Quarzkörner und vor allem Fossilien, über größere Mächtigkeiten verfrachten kann.

Das für das Aussterben der mesozoischen Arten vorgeschlagene Szenarium muß nicht nur die verschiedenen physikalischen und chemischen Anomalien erklären, die das Ereignis in den Gesteinen hinterlassen hat. Es muß vielmehr auch darüber Rechenschaft ablegen, warum welche Organismen wann ausstarben. Die Hypothese, die den Schuldigen im Dekkan-Gebiet sieht, d.h. in der Förderung der dortigen Plateaubasalte, ist mit zahlreichen Befunden in Einklang zu bringen[19]. Aber diese Belege sind nicht eindeutig, und sie schließen das konkurrierende Impakt-Szenarium nicht aus. Dieser Zwischenschritt war notwendig, um auf einige der von WALTER ALVAREZ erhobenen Einwände zu antworten. Das Hauptargument bleibt nichtsdestoweniger die Tatsache der Existenz der Deckenbasalte und der von uns herausgefundene zeitgleiche Rahmen: das ungeheure Laven-Volumen, die Kürze der Eruptions-Dauer, die Koinzidenz der Daten.

Der Ablauf einer ökologischen Katastrophe

Wir haben schon gesehen, zu welchen klimatischen Folgeerscheinungen der Eintrag von CO_2, SO_2 und HCl in die Atmosphäre führen kann: kurzfristige Abkühlung, Zerstörung der Ozon-Schicht[20], wodurch mehr ultraviolette Strahlung die Erdoberfläche erreicht, saurer Regen und – vielleicht langfristiger – der Treibhauseffekt, Erwärmung und erhöhter pH-Wert des ozeanischen Oberflächenwassers.

---

[19] Nicht aber mit den geschockten Mineralen.

[20] Zum Ozon-Problem vgl. beispielsweise MÉGIE, G.(1989): Ozone: l'équilibre rompu. – 260 pp. – Paris (Presses du CNRS).

Am Ende der Kreide kommt es im Laufe mehrerer hunderttausend Jahre zu einer größeren und globalen Regression, einer Absenkung des Meeresspiegels. Diese führt zu zunehmend kontinentalen Bedingungen auf der Erde und zu immer ausgeprägteren jahreszeitlichen Temperaturschwankungen. Diese Meeresspiegelabsenkung steht vielleicht in einem Zusammenhang mit den gigantischen Trapp-Eruptionen. Die Meeresspiegelschwankungen, die Geschwindigkeit, mit der sich neuer Meeresboden an den ozeanischen Rücken bildet, und der weltweite Vulkanismus können in Wirklichkeit Änderungen der Aktivitäten im Oberen Erdmantel widerspiegeln.

Die ersten episodenhaften Äußerungen des Vulkanismus beginnen in Indien, auf 30° südlicher Breite, vor ein wenig mehr als 65 Mio. Jahren. Nach Ablauf von zwei- oder dreihunderttausend Jahren kommt es zu einem Höhepunkt des vulkanischen Geschehens, der einige tausend (oder allerhöchstens einige zehntausend) Jahre anhält. Die Eruptionen gehen im Dekkan und andernorts, beispielsweise im Südatlantik, weiter, und die letzten dramatischen Ereignisse klingen ungefähr eine halbe Million Jahre nach Beginn der vulkanischen Aktivität aus. Seit den ersten Eruptionen beginnen die marinen Organismen zu leiden, deren Stoffwechsel von den gelösten Karbonaten abhängt. Diese biologischen Krisen werden umso stärker, je schneller die vulkanischen Phasen aufeinander folgen und je mehr sie an Intensität zunehmen. Die Foraminiferen leiden mehr und früher als die Coccolithophoriden (das sind mit zarten Kalk-Plättchen bedeckte Algen, deren fossile Reste Coccolithen heißen): Letztgenannte vertragen heute deutlich höhere pH-Werte[21] (bis 7), während er für Foraminiferen nicht unter 7,6 fallen darf. Unter den gegenwärtig lebenden Arten ertragen die kleineren Formen, die mit den weniger stark verzierten Gehäusen, und die Kaltwasserarten in den höheren Breiten die pH-Wert-Erhöhungen oder Temperaturerniedrigungen am besten. Genauso verhält es sich mit den kretazischen Arten: Die kleinen schmucklosen, die in den hohen Breiten leben, widerstehen den Krisenbedingungen über einige hunderttausend Jahre am besten. Entsprechend sehen auch die ersten im Tertiär erscheinenden Arten aus. Organismen, deren Gehäuse hauptsächlich aus Kieselsäure bestehen, Diatomeen, Radiolarien und Flagellaten, werden von der Krise noch weniger beeinträchtigt. Bestimmte rezente Formen aus diesen Gruppen überleben noch in verschmutzten Seen und zwar bei bemerkenswert sauren Verhältnissen (pH 4)!

In der Tiefsee gibt es ein Niveau, unterhalb dessen Karbonate gelöst werden. Karbonatische Gehäuse, die unter diese Grenzzone sinken, bleiben nicht erhalten. Unter dem Einfluß der Versauerung des Meerwassers stieg diese sog. Kompensationstiefe signifikant an. Das erklärt teilweise die Abwesenheit von Karbonaten und die Lösungs-Phänomene, die in so vielen Profilen über die K/T-Grenze beobachtet werden. Die in Küstennähe lebenden Arten, die schon durch die Meeresspiegelschwankungen in Mitleidenschaft gezogen worden waren, wurden auf dem Höhepunkt der Krise besonders anfällig.

Im kontinentalen Bereich werden manche Süßwasserseen durch den sauren Regen lebensfeindlicher. Den selektiven Aspekt des Aussterbens kann man verstehen, wenn man weiß, daß verschiedene Fischarten heute sehr unterschiedliche Toleranz-Grenzen haben: Forellen vertragen keinen pH-Wert unterhalb 5,5, während manche Barsche noch in Wasser mit pH 4,7 überleben. Das Plankton, das sich bei verschlechternden Umweltbedingungen einkapseln kann, ist gewissermaßen überhaupt nicht betroffen.

---

[21] Erinnern wir uns, daß der pH-Wert den Säuregrad einer Lösung angibt. Eine Lösung ist neutral bei pH 7, sauer bei kleineren und basisch bei größeren Werten.

In den Bereichen oberhalb des Meeresspiegels ist die Verbreitung des ökologischen Stresses sehr unterschiedlich; ein mehr oder weniger kontinentales Klima, extrem unterschiedliche Temperaturen, Staubstürme, UV-Strahlung, saurer Regen! Die Vegetation ist diesen Belastungen ausgesetzt, wenngleich der paläontologische Befund nicht sehr deutlich ist. Ich habe bereits auf den „Farn-Gipfel" hingewiesen, der als Beleg einer Rückeroberung des zerstörten Landes durch widerstandsfähige, nicht-spezialisierte und Nischen nutzende Arten verstanden wird. ERIC BUFFETAUT glaubt, daß die Unterbrechung der auf Pflanzen und Plankton beruhenden Nahrungsketten einer der Schlüssel zum Verständnis der Aussterbe-Ereignisse auf dem Festland ist. Die Dinosaurier hatten stets eine erhöhte Rate der Auslöschung und des Neuerscheinens. Das ist ein Zeichen für ihre Evolutions- und Anpassungsfähigkeiten. Im Verlauf der Krise aber können die verschwindenden alten Formen nicht mehr schnell genug durch neue ersetzt werden. Die überlebenden, das sind lebendgebärende Säugetiere, Vögel und Amphibien, schaffen es aus unterschiedlichen Gründen. Dazu gehören ganz einfach die geringe Körpergröße und damit einhergehend sehr individuenreiche Populationen sowie nächtliche Lebensgewohnheiten, eine Anpassung an schwankende Temperaturen, der unterirdische Lebensraum, die Nahrungsgewohnheiten (Wurzel-Fresser, Aasfresser, Nutzer organischer Substanz in verschiedener Form...). Das Überleben gewisser Reptilien, die sich in ihrem Lebensstil von gewissen Dinosauriern, die ausgestorben sind, nur wenig unterschieden, bleibt ein ungelöstes Rätsel.

Dieses Bild des Klimas auf unserem Planeten vor 65 Mio. Jahren, diese Vergiftung der Atmosphäre durch vulkanische Gase über einige Jahrhunderttausende, dieses Massensterben von Arten, die seit langem die Erde und die Meere beherrschten, erscheinen mir mit vielen Erkenntnissen vereinbar zu sein, die Geologen, Geochemiker und Geophysiker über einige Jahrzehnte hinweg aus den in den Gesteinen bewahrten Archiven gewonnen haben. Die vulkanische Katastrophe mag zunächst weniger gewaltig als der Impakt eines extraterrestrischen Boliden erscheinen; dabei ist sie nicht weniger intensiv, noch sind ihre Folgen weniger eindrucksvoll. Aber die Dauer eines Menschenlebens gewährt nicht den notwendigen Abstand, um dessen gewahr zu werden.

Kapitel 5   Manteldiapire und Hotspots

Wenn das Massensterben am Ende des Mesozoikums durch das vulkanische Szenarium erklärt werden kann, müssen wir uns einen Augenblick mit den Eigenschaften und der geologischen Bedeutung dieser ungewöhnlichen Bildungen befassen, die die Flutbasalte des Dekkan-Trapps darstellen.

Wie also sind sie aufgebaut? In welcher Beziehung stehen sie zu der sie umgebenden Erdkruste, auf der sie lagern? Wann sind sie entstanden und wie? Gibt es heutige Äquivalente zu ihnen? Ist die Aktivität, durch die sie entstanden sind, heute erloschen, oder gibt es davon noch irgendwo Spuren? In welcher Tiefe schließlich wurden sie erzeugt? Wir werden versuchen, auf manche dieser Fragen zu antworten. Aus diesem Grunde führt uns die folgende Reise, wenn schon nicht zum Mittelpunkt der Erde, so doch auf halbem Weg dorthin.

Vom Dekkan nach la Réunion

Zunächst gehe es um die Frage, ob der Dekkan-Trapp eine isolierte geologische Struktur ist. Die Flutbasalte lagern auf sehr alter kontinentaler Kruste, die keine Beziehung zu ihnen hat. Und weder deren Zusammensetzung, noch der geologische Aufbau lassen diese Laven erwarten. Weiter im Norden erhebt sich das große Himalaya-Gebirge, das durch das Anbranden Indiens gegen den asiatischen Kontinent entstanden ist. Kann diese Süd-Nord orientierte Kompression mit der Zerrung in Zusammenhang gebracht werden, durch die sich die riesigen für den Magmenaufstieg erforderlichen Spalten öffneten? Diese Spalten folgen verschiedenen Richtungen: Einige verlaufen parallel zur Küste bei Bombay; andere liegen zweifellos unter dem Narmada-Tal, das fast senkrecht dazu verläuft. Leider ist die Geometrie dieser Öffnungen, die heute vom Trapp überlagert werden, im Detail nicht gut genug bekannt, als daß man sie zu den sie umgebenden Strukturen in Beziehung stellen könnte.

Wenn man andererseits die morphologische Karte der Meeresböden südwestlich der Küste betrachtet (Abb. 14), erregt eine Nord-Süd-verlaufende Aufreihung untermeerischer Berge unsere Aufmerksamkeit: Einige davon erheben sich über den Meeresspiegel und bilden Inseln. Es handelt sich, von Norden nach Süden, um die Inselgruppen der Laccadiven, der Malediven und der Tschagos-Inseln. Diese Aufreihung wird unterbrochen von „normalen" Meeresböden, die am Carlsberg-Rücken entstehen. Dieser erstreckt sich vom Rodriguez-Tripelpunkt im Süden gegen Nordwesten zum Golf von Aden und zum Afar-Dreieck. An diesem, von ROLAND SCHLICH vom Institut de Physique du Globe de Strasbourg und von PHILIPPE PATRIAT und ihren Mitarbeitern untersuchten, Tripelpunkt treffen sich drei große Lithosphärenplatten: die Afrikanische, die Indo-australische und die Antarktische. Der Indische (Carlsberg-)Rücken hat sich vor etwa 20 Mio. Jahren nach Nordwesten und dann nach Westen verlängert und dabei die kontinentale Kruste Afrikas abgetrennt. Auf diese Weise öffnete er zwischen Arabien und Somalia den Golf von Aden. Daraufhin hat er sich auf das Festland fortgesetzt und dort die Afar-Senke geschaffen. Französische Forschungsteams haben wesentlich dazu beigetragen, dieses eindrucksvolle Phänomen der Geburt dieses neuen Ozeans

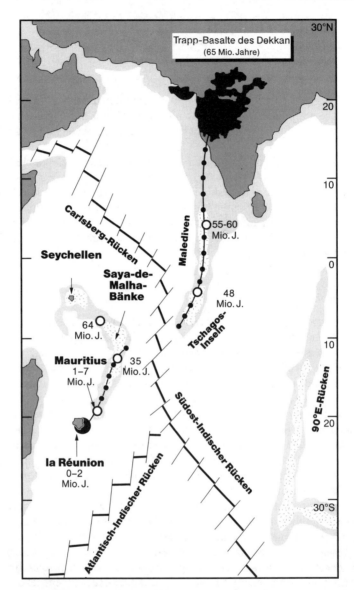

Abb. 14 Die Ozeanböden zeigen (Abb. von rechts) einen unterbrochenen Archipel aus submarinen vulkanischen Inseln, die den aktiven Hotspot von la Réunion mit den Dekkan-Plateaubasalten verbinden. Die an gedredschten Proben gemessenen Alter dieser Inseln nehmen regelmäßig vom (heutigen) la Réunion zu den Dekkan-Flutbasalten zu (65 Mio. Jahre). Dabei werden die Saya de Malha-Bänke (35 Mio. Jahre) und zwei der Tschagos-Inseln (48 Mio. Jahre) und die Malediven (55–60 Mio. Jahre) berührt. Dadurch läßt sich die Paläogeographie der Kontinentalmassen bei der Entstehung der Flutbasalte rekonstruieren: diese lagen damals ungefähr auf der Breite, die später la Réunion einnehmen wird.

verstehen zu lernen[1]. Südlich des Carlsberg-Rückens findet man wieder ungewöhnlich flache Meeresgebiete, die Seychellen und die Saya-de-Malha-Bänke, und noch ein wenig weiter südlich eine Inselkette, die nach Mauritius und schließlich nach la Réunion führt.

Nachdem wir den Dekkan-Trapp datiert hatten, haben wir uns im Jahre 1986 gefragt, ob diese Inselkette, die den noch aktiven Piton de la Fournaise mit dem erloschenen indischen Vulkanismus verbindet, nicht eine Art Nabelschnur darstellen könnte, die einen gemeinsamen Ursprung andeutet. Dafür gab es gewichtige Gründe, denn wir hatten mit Hilfe der Paläomagnetik herausgefunden, daß der Dekkan-Trapp etwa 30° weiter südlich gebildet worden war, d.h. unweit der heutigen Breite von la Réunion. Dafür hatten wir zwei Hinweise: zunächst die Theorie der „Hotspots" und der Manteldiapire nach dem Kanadier TUZO WILSON und nach JASON MORGAN, und andererseits einige experimentelle Ergebnisse über konvektionsbedingte Unstetigkeiten in fluiden Phasen. Diese Leitlinien erlaubten Voraussagen, die zum Teil verifizierbar waren.

Die Theorie der „Hotspots"

Gegen Ende der 60er Jahre bot die damals aufkommende Theorie der Plattentektonik endlich einen logischen Rahmen zum Verständnis der geographischen Verteilung der Mehrzahl der Erdbeben und der Vulkane sowie auch der Ozeanischen Rücken und der Subduktionszonen. Von nun an verstand man, daß die Vulkane des pazifischen Feuergürtels über den Zonen liegen, wo sich eine Platte unter eine andere zwängt und im Erdmantel verschwindet. Submarine Vulkane sitzen, wenngleich wesentlich isolierter, den 60.000 km langen Ozeanischen Rücken auf, an denen sich neue Kruste bildet, und von wo aus die Platten auseinanderstreben, nur an besonderen Punkten wie Island oder Afar ragen sie über die Wasseroberfläche hinaus. Kurz gesagt, Vulkane und Erdbeben sind an den Grenzen zwischen den Platten konzentriert, zu deren Definition sie ja auch beitrugen, weniger im Inneren der Platten.

Andererseits hatte TUZO WILSON erkannt, daß manche größeren Vulkane durch die neue Theorie nicht erklärt werden konnten. So befindet sich der herrliche Hawaii-Komplex, der größte Vulkan der Erde[2], der die umliegenden Ozeanböden um fast 10.000 m überragt, Zehntausende von Kilometern von jeder aktiven Plattengrenze entfernt. TUZO WILSON erkannte, daß die Insel den äußersten Punkt einer geradlinigen Inselkette bildet, die sich nach Nordwesten durch den Ozean erstreckt. Daraus schloß er, zumal er von Australiern gemessene absolute Altersdaten von einigen Inseln hatte, daß sich in der Tiefe des Mantels ein anormal heißer Punkt befinden müsse, der wie ein Bunsenbrenner ein Loch in die überlagernde Platte brennt, wodurch dort ein Vulkan entsteht. Die Aufreihung der Vulkane in einer Linie ergibt sich dadurch, daß die Platte über diesen sog. Hotspot hinwegwandert. Wenn die Vulkane sich von der aktiven Zone entfernen, altern sie und werden somit kälter und dichter, schließlich sinken sie unter den Meeresspiegel ab (Abb. 15).

---

[1] Vgl. beispielsweise COURTILLOT, V. & VINK, G. (1983): Comment se fracturent les continents. – Pour la science, **71**: 100–108; Paris. – COURTILLOT, V., ARMIJO, R. & TAPPONNIER, P. (1987): The Sinai triple-junction revisited. – Tectonophysics, **141**: 181–190; Amsterdam.

[2] Nicht aber der größte des Sonnensystems. Der Rekord wird von einem Vulkan desselben Typs gehalten. Er heißt Olympus Mons, liegt auf dem Mars, hat an der Basis einen Durchmesser von 600 km und erreicht eine Höhe von 26.000 m.

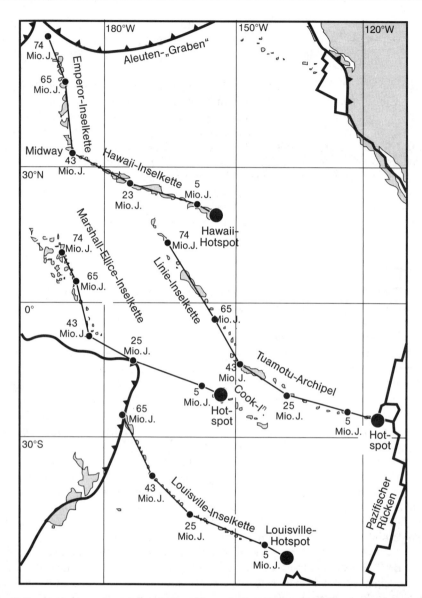

Abb. 15 Der Hotspot von Hawaii hat auf dem Meeresboden des Pazifiks eine erstaunliche fischgrätenähnliche Spur hinterlassen, die sich vor 43 Mio. Jahren „vor den Wind legt" (Midway-Insel), und deren vor mehr als 75 Mio. Jahren entstandene Zeugnisse für immer im großen Aleuten-„Graben" verschluckt worden sind. Drei weitere Hotspots haben Inselketten hinterlassen, die zu denen von Hawaii und den Emperor-Seamounts parallel verlaufen.

Die Theorie ist von JASON MORGAN wesentlich erweitert und verallgemeinert worden. Er war zweifellos der bescheidenste, zugleich aber bedeutendste unter den Begründern der Plattentektonik. MORGAN hat einige Dutzend Hotspots zusammengestellt, die dem von Hawaii entsprechen. Dann hat er die Lagebeziehungen zwischen den Ketten der von diesen ausgehenden, heute erloschenen Vulkane studiert. Er konnte zeigen, daß diese Hotspots, die er sich als tief im Mantel verankert vorstellte, sich im Laufe der Zeit nur wenig gegeneinander verschoben hatten. Deshalb bilden die vier bedeutendsten Hotspots, die sich durch die Pazifische Platte brennen – Hawaii, die Osterinseln, McDonald und Louisville – riesige parallele Fischgrätenmuster (Abb. 15): Die Hawaii-Inselgruppe, die in den Emperor-Rücken übergeht, der Tuamoto-Archipel und der Fanning-Rücken (Line-Inselkette), die Cook-und die Australinseln sowie die Gilbert- und Marshall-Inseln und schließlich die Louisville-Kette. Diese submarinen Vulkane hat man beprobt und datieren können. Ganz wesentlich haben dazu das Glomar Challenger-Fahrtprogramm und später das der Joides Resolution beigetragen. Das sind Schiffe, die für das internationale Tiefsee-Bohrprogramm ausgerüstet wurden. Die Ergebnisse haben die Theorie auf großartige Weise bestätigt. So gilt für die von Hawaii hinterlassene Spur, daß die Alter regelmäßig zunehmen, wenn man ihr nach Nordwesten folgt. Bei den Midway-Inseln, wo sich die Richtung unübersehbar ändert, erreicht man ein Alter von 40 Mio. Jahren. Anschließend setzt sich die Inselgruppe nach Norden fort. Der letzte im Norden datierte Vulkan hat ein Alter von 70 Mio. Jahren. Der älteste Teil der Kette ist unter der asiatischen Platte verschwunden und zwar dort, wo sich der Subduktions-bedingte Tiefseetrog der Kurilen mit dem der Aleuten vereint.

Im Gefolge unserer Dekkan-Arbeiten wurde ein Joides-Programm beschlossen. Unter der Führung von ROBERT DUNCAN von der Universität von Oregon in Corvallis konnten die submarinen Berge, die la Réunion mit Indien verbinden, datiert werden (Abb. 14). Der Vulkanismus der früher Île de Bourbon genannten Insel ist seit 2 Mio. Jahren aktiv. Vor dem Piton de la Fournaise hatte er weiter nördlich den Piton des Neiges hervorgebracht. Dieser ist heute erloschen und von der Erosion zu drei großartigen Gebirgskesseln umgestaltet worden. Bevor la Réunion entstehen konnte, hatte der Vulkanismus der Insel Mauritius schon begonnen. Das war vor 7 Mio. Jahren. Die alten Vulkane weiter im Norden sind versunken. Die Gesteinsalter der unter Wasser genommenen Proben verteilen sich gleichmäßig von 35 Mio. Jahren südlich von Saya de Malha über 48 Mio. im Tschagos-Bereich bis zu 55 bis 65 Mio. Jahren nördlich der Malediven, kurz bevor der Dekkan-Trapp erreicht wird. Die schöne Regelmäßigkeit der Alter und der Morphologie der Inselkette wird nur deshalb unterbrochen, weil der anfänglich unter der Indischen Platte gelegene Hotspot vor rd. 40 Mio. Jahren unter die Afrikanische Platte gewandert ist. Zu dem Zeitpunkt ist nämlich der Carlsberg-Rücken gequert worden. Der älteren Kruste der Afrikanischen Platte wurde somit die jüngste Spur der Brennflecken aufgeprägt.

Manteldiapire und Instabilitäten: vom Honig zum Mantel

Im Unterschied zur Spur der Hawaii-Kette, deren Anfang für immer im Erdmantel verschwunden ist, ist die frühe Geschichte des Hotspots von la Réunion noch nicht durch Subduktion ausgelöscht worden. Der Dekkan-Trapp ist das Zeugnis seiner Entstehung. Zu dieser Sicht führen uns drei schöne experimentelle Ergebnisse. MORGAN hat bereits die Hypothese vorgeschlagen, daß die Hotspots einem anderen dynamischen System der Erde entsprechen, einem anderen Konvektionsmodus als dem eher regelmäßigen und größeren der Plattentektonik. Mantelmaterial, das wärmer und somit leichter als seine Umgebung ist, müßte instabil werden und alsdann schnell aus der kälteren, dichteren und zähflüssigeren Umgebung im Erdmantel aufsteigen.

Wir können leider Gottes nicht in das Innere der Erde schauen; sehr unscharfe und indirekte Informationen erhalten wir aber durch das Studium des Schwerefeldes, des Magnetfeldes und der Ausbreitung seismischer Wellen, wobei letztere Methode ein wenig genauer ist. Die Seismik hat in jüngster Zeit bemerkenswerte Fortschritte gemacht. Mit ihrer Hilfe kann man heute allmählich die mehr oder weniger heißen Zonen des Mantels dreidimensional „sehen". Das gelingt auf dem Umweg einer Tomographie, wie man sie auch in der Medizin anwendet, um Bilder vom Inneren des menschlichen Körpers zu bekommen. Auf diese Weise erkennt man anomal heiße Bereiche unter Hawaii, unter Island und unter der Afar. Die Auflösung und die räumliche Präzision sind allerdings noch unzureichend, um die dünnen Mantelaufwölbungen zu erkennen, die zu diesen Hotspots führen.

Wenden wir uns also lieber analogen Modellen zu. Man kann ja im Labor im verkleinerten Maßstab versuchen, das Verhalten einer dünnen Fluidschicht zu reproduzieren, die leichter und weniger zähflüssig als die sie überlagernde ist. Die ersten Versuche dieser Art hat JIM WHITEHEAD von Woods Hole 1975 durchgeführt. Seither haben PETER OLSON in Baltimore und DAVID LOPER in Florida solche Versuche wiederholt und dabei sehr verschiedene Flüssigkeiten, von Wasser bis zu Honig, verwendet. Der Letztgenannte legte auf zähflüssigen Sirup in einem Gefäß einen hauchzarten Seidenfilm und schichtete darüber mit Tinte eingefärbtes Wasser. Daraufhin drehte er das Gefäß um. Das weniger dichte und weniger zähflüssige Wasser war somit in eine instabile Position gebracht. Der Seidenfilm diente der Verzögerung und als Filter, und er verhinderte, daß die Wasserschicht sofort zur obersten Lage aufstieg. Nach einiger Zeit begannen „Wassertaschen" zu wachsen und in dem Sirup nach oben zu steigen, ungefähr so wie das Phänomen, das die Geologen Diapir nennen (Abb. 16). Auf eben diese Weise steigen Diapire aus leichtem und plastischem Salz durch darüberliegende Gesteine der Erdkruste auf. Dabei bilden sich bisweilen Fallen, in denen sich Erdöl und Gas ansammeln. Unsere kleinen Diapire aus gefärbtem Wasser steigen durch die dichtere Flüssigkeit auf, ihr Kopf nimmt dabei die Hutform mancher junger Pilze an. Der oberste Teil dieses Kopfes ist nahezu kugelig. Dort findet eine interne Konvektion statt, die zur Eingerollung auf seiner Unterseite führt. Der Kopf des Diapirs bleibt mit der Schicht ganz unten durch eine sehr dünne Nabelschnur verbunden, durch die er Nachschub erhält und wächst. Die Strömungsmechaniker bezeichnen solche Objekte als „creeping plumes" – d.h. etwa „kriechende Diapire" bei wörtlicher Übersetzung.

Kopf und Schwanz

Wir folgten einem von JASON MORGAN 1981 geäußerten Gedanken, als ich zusammen mit JEAN BRESSE 1986 die Hypothese vorschlug, nach der der Kopf des heute unter la Réunion[3] sitzenden Hotspots mit dem Dekkan-Trapp zum erstenmal in Erscheinung getreten sei (Abb. 9 und 16). Die Größe dieses Kopfes[4] würde das Ausmaß der dynami-

---

[3]   Im Jahre 1984 hatten JOSÉ ACHACHE und PHILIPPE PATRIAT aus unserer Arbeitsgruppe die Spur des Hotspots anhand der Kinematik des Indischen Ozeans rekonstruiert und dabei festgestellt, daß der Kopf des Manteldiapirs zur Zeit der K/T-Grenze in der Nähe der Trapp-Basalte lag.

[4]   Vom Labor-Experiment gedanklich auf den Maßstab des Erdmantels vergrößert.

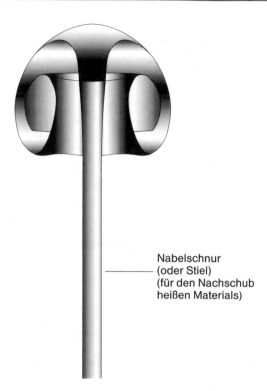

Nabelschnur
(oder Stiel)
(für den Nachschub
heißen Materials)

Abb. 16 Labor-Versuche zeigen die Struktur eines experimentellen Manteldiapir-Kopfes, der entsteht, wenn sich eine Instabilität entwickelt hat. Die wärmere, leichtere und weniger zähe Flüssigkeit, die den Manteldiapir vertritt, ist schwarz gezeichnet; sie steigt im Inneren einer dichteren, zäheren Flüssigkeit auf, hier weiß, die den Erdmantel darstellt.

schen Auswirkungen und das Volumen der vulkanischen Förderprodukte von mehr als 1 Mio. km^3 erklären. Der Basalt entsteht durch Aufschmelzung von nur wenigen Prozent (unter 10%) der Mantelgesteine: bei seiner Entstehung hatte der Kopf also einen Durchmesser von mehr als 400 km. Das wäre fast die Mächtigkeit des Oberen Mantels. Dieser Kopf stellte eine ungeheure Wärmequelle dar: Er beulte die darüberliegende Indische Platte auf und dünnte sie aus. Er bahnte sich seinen Weg durch eine kalte und alte Kruste von granitischer (saurer) Zusammensetzung, die reich an flüchtigen Elementen war, durchquerte schließlich die Sedimentgesteine und führte zunächst zu einem explosiven Vulkanismus. Später, als sich das vollständige Bruchmuster ausgebildet hatte, ergossen sich nach und nach die großen Flutbasalte.

Was die Entstehung des Hotspots unter Island betrifft, so hat man bis zu 2000 km von den Eruptionszentren entfernt Hunderte von basaltischen Aschen-Horizonten gefunden, die belegen, daß die ersten Eruptionen explosiv waren. Die Veränderungen des Oberen Erdmantels und der Erdkruste haben im Falle des Dekkan-Trapps dazu geführt, daß der ursprünglich weit südlich von Indien im Indischen Ozean aktive Mittelozeanische Rükken aufhörte, sich weiter zu öffnen, ein Stück weit nach Norden sprang und Indien das Stück Kontinent entriß, das heute nur noch im Bereich der Seychellen über dem Meeresspiegel auftaucht (Abb. 14). Als der Kopf dieses Hotspots auftauchte, führte das also zur Öffnung eines neuen Ozeans: Damals entstand das heute als Arabisches Meer bekannte Becken. Aber durch die Lava-Ergüsse des Dekkan-Trapp wurde der Kopf des Diapirs irgendwie entleert. Während die Indische Platte nun nach Norden weiterdriftete, fand sie sich senkrecht über dem Stiel (oder dem Nabel) des Diapirs wieder. Der baute dann noch die Archipele auf, deren Volumen wesentlich bescheidener ist. Diese leiten zu der gegenwärtigen Oberflächen-Mündung des Manteldiapirs über, zum Piton de la Fournaise.

Der Dekkan-Trapp steht nicht alleine da

MARK RICHARDS, BOB DUNCAN und ich haben dieses Modell eines Diapirs mit zwei Elementen, einem voluminösen Kopf und einem viel kleineren Stiel, auf alle auf der Erde aktiven Hotspots angewandt, zumindest auf jene, die nicht wie Hawaii ihren Anfangspunkt in einer Subduktionszone verloren haben. Man findet etwa ein Dutzend (Abb.17). So äußerte sich die Geburt des heute unter dem Yellowstone Nationalpark in

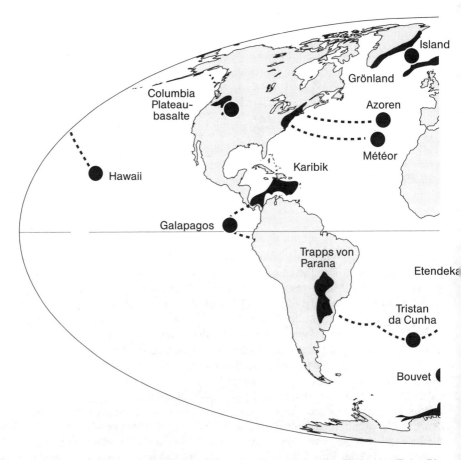

Abb. 17 Verteilung der großen Basaltplateaus (Trapp-Basalte) auf der Oberfläche der Erde. Die unterbrochenen Linien stellen die Reihen von erloschenen submarinen Vulkanen dar, die die Trapps mit den immer noch aktiven Hotspots verbinden, aus denen sie ursprünglich hervorgegangen sind (schwarze Kreise).

den Vereinigten Staaten sitzenden Hotspots vor ungefähr 16 Mio. Jahren durch die Bildung der großen Columbia-Vulkan-Provinz. Diese liegt nur einige 100 km weiter westlich. Vor ungefähr 30 Mio. Jahren waren die Flutbasalte Äthiopiens oberflächliche Zeugnisse eines Hotspots. Dieser liegt noch heute ganz in der Nähe, weil sich die Afrikanische Platte im Afar-Gebiet nur wenig in Bezug auf den Mantel weiterbewegt hat. Vor etwa 57 Mio. Jahren förderte der Hotspot von Island die gewaltigen Stapel vulkanischer Gesteine, die heute die Steilhänge an der Ostküste Grönlands bilden, den ganzen Nordwestrand der Britischen Inseln und des norwegischen Schelfes. Die Flutbasalte sind alsbald (wie die Seychellen und der Dekkan-Trapp) vom Mittelatlantischen Rücken weg auseinandergedriftet. Der sollte zum Entstehen des Nordatlantiks beitragen. Die von dem Hotspot gebildeten Rücken sind kurz: Sie verbinden Kronprinz-Christians-Land und die Färöer-Inseln mit Island. Der außergewöhnliche Fall, daß der Rücken in Island aus dem Meer auftaucht, wie es ja auch in der Afar der Fall ist, beruht darauf, daß hier ein ziemlich stabiler Hotspot mit der normalen Expansion der Ozeane zusammenwirkt und die Lavenproduktion und die thermischen Auswirkungen verstärkt.

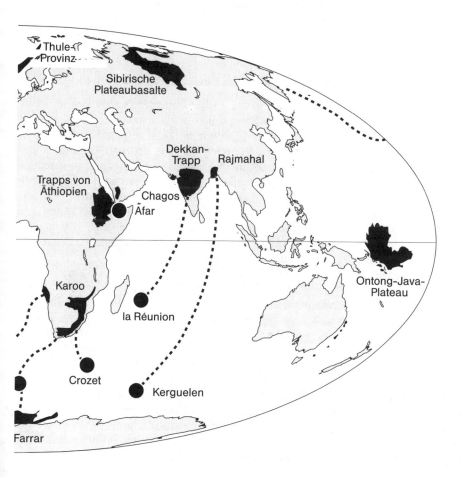

Vor den Flutbasalten des Dekkan, vor weniger als 135 Mio. Jahren, hat sich die große Basalt-Provinz von Paraná in Südamerika gebildet, wo die Erosion dann die gewaltigen Wasserfälle von Iguaçu geschaffen hat. Der Paraná-Trapp kann mit dem Hotspot bei der Insel Tristan da Cunha im Südatlantik in Beziehung gebracht werden. Auf dem Mittelozeanischen Rücken gelegen, hat er außerdem im Osten auf der Afrikanischen Platte den Walvis-Rücken geschaffen. Dieser leitet über zu einem kleinen Flutbasaltvorkommen an der Küste Namibias (Etendeka). Dieses ist durch die Öffnung des Atlantiks von den Basalt-Vorkommen Paranás getrennt worden, kurz nachdem beide gemeinsam entstanden waren. Man kann noch das riesige submarine Plateau von Ontong-Java im westlichen Pazifik erwähnen. Das ist möglicherweise vor 110 Mio. Jahren im Zusammenhang mit dem Louisville-Hotspot entstanden. Die 170 bis 190 Mio. Jahre alten Karoo-Laven im südlichen Afrika können mit dem Hotspot der Insel Marion (oder Crozet) in Verbindung gebracht werden. Bei anderen Ereignissen sind der Trapp von Rajmahal in Indien sowie jene am Westrand des Nordatlatiks und das Jamaika-Plateau entstanden. Aber sie sind weniger gut bekannt. Schließlich könnten die ungeheuren Flutbasaltvorkommen Sibiriens mit dem Hotspot von Jan Mayen, ein wenig nördlich von Island, zusammenhängen. Wir werden darauf zurückkommen; denn ihnen kommt in unserem Bericht eine ganz besondere Bedeutung zu.

Die Geburt der Hotspots und das Zerbrechen der Kontinente

Etwa 10 vulkanische Episoden von außergewöhnlicher Bedeutung haben sich im Laufe der letzten 300 Mio. Jahre der Erdgeschichte ereignet. Ihr Volumen liegt immer in der Größenordnung von Millionen km^3, und es kann wie im Falle von Ontong-Java bis zu 10 Mio. km^3 betragen. Wenn man dieses Volumen auf eine einfache Kugelform umrechnet, dann kann der Kopf des außerordentlich heißen, aus dem Mantel kommenden Materials, durch dessen partielles Aufschmelzen die Laven entstanden sind, einen Durchmesser von mehr als 700 km gehabt haben. Dann aber wäre der untere Teil des Mantels mit einbezogen gewesen. Als Folge davon scheint in zahlreichen Fällen eine Naht aufgerissen und ein neues Ozeanbecken entstanden zu sein: die junge Öffnung des Golfes von Aden und des Roten Meeres (Afar), des Nordatlantiks (Island), des Arabischen Meeres (Dekkan) und des Südatlantiks (Paraná).

Oft sieht es so aus, als gäbe es eine direkte Beziehung zwischen dem Auftauchen eines Hotspots und der Entstehung eines Risses in einem darüberliegenden Kontinent. Wenn die kontinentale Kruste dünner wird und zerbricht und dann ein Ozean entsteht, dann bildet sich über einem Erdmantel von normaler Temperatur (etwa 1300 °C) eine typisch ozeanische, basaltische Kruste von etwa 7 km Mächtigkeit. Tatsächlich werden die Gesteine des Oberen Erdmantels schnell dekomprimiert (entlastet), ohne ihre Wärme zu verlieren. Also fangen sie an zu schmelzen[5]. Diese Dekompression kann – im geologischen Zeit-Maßstab – schnell vor sich gehen, d.h., sie kann in ungefähr einer Million Jahre erfolgen. DAN MCKENZIE und ROBERT WHITE aus Cambridge haben dazu eine quantitative Aussage gemacht: Je länger die Zerrungsphase andauert, um so mehr kühlt der Obere Erdmantel ab, und um so seltener tritt Vulkanismus auf. (Ein Teil der geschmolzenen Gesteine hat genügend Zeit, in der Tiefe zu erstarren, bevor er aufsteigen kann.) In Extremfällen ist die ozeanische Kruste nicht mehr als 2 km mächtig.

---

[5] Man spricht von Schmelzen durch adiabatische Dekompression (Druckentlastung).

Wenn sich der Riß über einem anomal heißen Mantel entwickelt, z.B. über einem Hotspot, der gerade entsteht oder schon vorhanden ist, dann kann sich die Menge des geschmolzenen Materials vervierfachen[6]. Lediglich ein Viertel der Schmelze steigt an die Oberfläche auf und bildet dort einen Basalt-Deckenstapel von einigen Kilometern Mächtigkeit. Die anderen drei Viertel bleiben tief unter der Kruste zurück oder werden in ihren unteren Teil injiziert, wo sie langsam erkalten.

Der Kopf eines entstehenden Manteldiapirs verkörpert eine Wärme- und Dichteanomalie. Diese bewirkt eine Hebung und Aufwölbung der kontinentalen Kruste. Das entstehende Gewölbe kann mehr als 2000 m hoch sein und einen Durchmesser von über 1000 km haben. Auf diese Weise kann eine ganze Region herausgehoben werden. Dabei entsteht potentielle Energie, durch die – möglicherweise im Zusammenspiel mit der sekundären Konvektion im Kopf des Manteldiapirs, der sich den unteren Teil der kontinentalen Erdkruste einverleibt – die Erdkruste unter Zugspannung gesetzt und ausgedünnt wird. Diese Ausdünnung führt zu einer weiteren Druckentlastung des Erdmantels und steigert so das Aufschmelzen; außerdem reißen Spalten auf, durch die das Magma ausfließen kann. Die Lavaströme können dann über große Entfernungen die Hänge herunterfließen, wie z.B. im Dekkan: Ein Hangwinkel von 1 Promille reicht ihnen aus, um sich in einigen Tagen oder einigen Wochen über hunderte von Kilometern auszubreiten. In einigen Fällen behindert die vorhandene Topographie die weitere Ausbreitung der Ströme. Das war zweifellos während der Entstehungszeit des Hotspots von Island der Fall: Zahlreiche kleine Einbruchsbecken, die sich zwischen dem heutigen NW-Europa und Grönland gebildet hatten, haben die Ausbreitung der Lavaströme begrenzt. Ein großer Teil davon hat sich auf dem Schelf, d.h. auch unter dem Meeresspiegel, ergossen.

Eine Zeitlang gab es Meinungsverschiedenheiten zwischen MARK RICHARDS, BOB DUNCAN und mir auf der einen und DAN MCKENZIE und BOB WHITE auf der anderen Seite. Die letztgenannten hatten das elegante quantitative Modell entworfen, mit dem man die Menge der geförderten Basalte in Abhängigkeit von der Temperatur des Erdmantels und der Ausdünnung der Kruste berechnen kann. Sie vertraten nun die These, daß das Aufreißen des Kontinentes und die Förderung der Flutbasalte zwei voneinander unabhängige Phänomene seien, die zwar zusammenfallen können, das aber nur durch Zufall. Wir hingegen glaubten, daß eine starke ursächliche Beziehung zwischen diesen Phänomenen bestand, daß also die Entstehung eines Hotspots unter einem Kontinent im allgemeinen zum Zerbrechen der Erdkruste und dann zur Geburt eines neuen Ozeans führe. Das Ende der Debatte brächte erst eine genaue Datierung der Alter der ersten Laven, der ersten Zeugen der Zerrungsbeanspruchung und des ersten Meeresbodens. Diese Messung ist sehr schwierig, was den erreichbaren Grad der Präzision angeht. Die Schwierigkeiten sind die gleichen wie bei der Datierung der Laven des Dekkan-Trapps. Wir sind im übrigen noch weit davon entfernt, in allen Fällen über ausreichende Daten zu verfügen.

Es sieht fortan so aus, daß Kontinente bisweilen ohne Mitwirkung eines Manteldiapirs auseinanderbrechen können. Das scheint der Fall gewesen zu sein, als sich die Labrador-See zwischen Grönland und Nordamerika öffnete, bevor der Riß im Augenblick der Entstehung des Island-Hotspots nach Osten versprang. Ein anderes Beispiel liefert die Trennung des östlichen Gondwana-Kontinentes (der Indien, Australien und die Antarktis umfaßt) vom westlichen, aus Afrika und Südamerika bestehenden, vor der Eruption der

---

[6] Dieser Hotspot ist für eine (insgesamt ganz gemäßigte) Temperatur-Zunahme von 200 °C verantwortlich bzw. für eine thermische Anomalie von lediglich 10-15%.

Karoo-Flutbasalte und der Laven von Farrar in der Antarktis[7]. Andererseits gibt es auch Manteldiapire, die nicht zu einem kontinentalen Zerbrechen führen. Das ist beim Columbia-Plateau der Fall, beim Hoggar-Gebirge in Afrika oder bei den sibirischen Plateau-Basalten.

In der Mehrzahl der Fälle indessen, bei denen sich ein neuer Ozean gebildet hat, war die Bildung von Trapp-Basalten ein wesentliches Ereignis vor dem Auseinanderdriften und der ersten Bildung ozeanischer Becken. Das trifft zu bei den Flutbasalten des Dekkan, von Paraná, des Nordatlantiks.... Ich bin der Meinung, daß die Ankunft des mantelbürtigen Diapirs unter der Lithosphäre sehr wohl der hauptsächliche und allgemeine Grund für den Erguß der Flutbasalte und für das Zerbrechen eines Kontinents ist und dadurch letzten Endes für eine Organisation der Kontinentaldrift. Die Ausdehnung der Flutbasalte an der Erdoberfläche ist möglicherweise größer als der Kopf des Hotspots im Erdmantel. Wie wir weiter oben gesehen haben, entspricht den Millionen von km^3 ausgeflossener Laven in den größten Plateaubasalten indessen ein Mantelvolumen von bis zu ca. 100 Mio. km^3, das sich über die gesamte Mächtigkeit des Oberen Erdmantels erstrecken kann.

Ein episodischer und ein chaotischer Mechanismus?

Wie bei vielen anderen Themen üblich, ist auch die Herkunfts-Tiefe der Hotspots Gegenstand von Diskussionen. In diesem Buch vertreten wir die Auffassung, daß der Ursprung der Hotspots in großer Tiefe liegt (vgl. Kap. 7); einige Autoren halten einen mitteltiefen Ursprung für wahrscheinlicher und eine, allerdings kleine, Minderheit sogar einen flachen Ausgangspunkt, wenig unterhalb der Lithosphäre, wie z.B. der Seismologe DON ANDERSON von Caltech. Auf jeden Fall sind die Manteldiapire faszinierende geodynamische Objekte. Sie entstehen zweifellos aus der Instabilität einer tiefen Grenzschicht, und zwar in 670 km Tiefe nach Meinung der einen und in vielleicht 2900 km Tiefe für die anderen (vgl. Abb. 18). Sie wären dann ihrem Wesen nach zufällig. Sogleich denkt man an die von den Chaos-Theoretikern eingeführte sog. Intermittenz[8]. Das Auftreten zahlreicher Manteldiapire in Form von Trapp-Basalten an der Oberfläche ist somit ein nicht vorhersagbares Phänomen.

Wenn die Dekkan-Trappbasalte derartige Folgen für das Leben auf der Erde hatten, muß man sich fragen, wie es damit bei den anderen, insgesamt nur wenigen, Trapp-Vorkommen aussieht, die wir auf unserem geologischen Streifzug entdeckt haben. Haben auch sie die Evolution auf katastrophale Art und Weise in neue Richtungen gelenkt?

---

[7] Pangäa ist der Superkontinent, der den größten Teil der heutigen Kontinente umfaßte. Er scheint vor 300 Mio. bis 200 Mio. Jahren als Einheit bestanden zu haben. Es war WEGENER, der das Konzept und den Namen in die Literatur einführte, obwohl er die älteren tektonischen Ereignisse ignoriert hatte, die zum Wachsen des Superkontinentes geführt haben. Vor etwa 200 Mio. Jahren (vielleicht viel früher) zerfiel Pangäa in Gondwana im Süden und Laurasia im Norden, während Gondwana, wie im Text angedeutet, seinerseits wieder in zwei Teile zerbrach.

[8] Siehe z.B. BERGER, P., POMEAU, Y. & VIDAL, C. (1984): L'Ordre dans le chaos. – Paris (Hermann) und GLEICK, J.(1989): La Théorie du chaos. – Paris (Albin Michel).

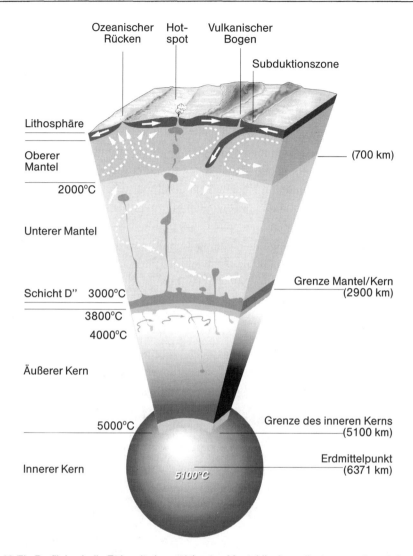

Abb. 18 Ein Profil durch die Erde mit eingezeichneten Manteldiapiren, die den experimentell erzeugten entsprechen. Ihr Ursprungsort wird noch immer diskutiert: Niveau D" an der Basis des Mantels zwischen 2900 und 2800 km oder Übergangszone zwischen Unterem und Oberem Mantel zwischen 670 und 450 km.

Kapitel 6   Eine bemerkenswerte Korrelation

Wir haben einen großen Teil dessen, was vor dem Verschwinden der Dinosaurier und der Ammoniten passiert ist, der Kreide-Tertiär-Krise zugeschrieben. Dennoch ist das nicht das beeindruckendste Ereignis der letzten 600 Mio. Jahre. Das bedeutendste Massensterben ereignete sich vielmehr am Ende des Paläozoikums[1] vor 250 Mio. Jahren. Damals ging es mit den Trilobiten zu Ende. Der Großteil der marinen Lebensformen war ernsthaft betroffen. Fische und Muscheln wurden dezimiert. Auf dem festen Land ist die Situation kaum besser. Proto-Säugetiere, Amphibien und Reptilien verschwinden in großer Zahl, und um ein Haar wäre auch eine der seltenen überlebenden Arten der Proto-Säugetiere zugrunde gegangen, jene nämlich, von der wir eines Tages abstammen sollten. Unsere Existenz gründet nur auf dieser ziemlich alten Linie. Insgesamt verschwinden fast 95% der Arten in ungefähr 2 Mio. Jahren oder sogar weniger, wenn man den gerade erschienenen Arbeiten des Chinesen X. YANG und des Amerikaners S.M. STANLEY Glauben schenkt.

Die „Mutter" der Faunenschnitte

Am Ende des Paläozoikums hatten sich fast alle Kontinente zu Pangäa[2] vereint. Ein weiterer Ozeanarm öffnete sich im Osten dieses Superkontinentes: die Tethys, die Vorläuferin des heutigen Mittelmeeres. Die Böden dieses Meeres sind seither bei den Kollisionen Afrikas, Arabiens und Indiens mit Europa und Asien verschwunden. Dabei bildeten sich die alpidischen Gebirge, die sich von unseren Alpen bis zum Himalaya erstrecken. In der Tethys bildete sich neuer Ozeanboden, während an ihren Rändern, insbesondere den nördlichen, Subduktionen und Kollisionen stattfanden. Zeugnisse aus dieser Zeit sind unglücklicherweise selten und oft von schlechter Qualität. Alle zu dieser Zeit bestehenden Ozeanböden sind heute verschwunden. Einige sind in Subduktionszonen in den Mantel zurückgekehrt; andere – und das ist die geringere Zahl – sind verformt worden und bauen heute Gebirsketten auf, sie waren dann der Erosion und bisweilen neuen tektonischen Verformungen ausgesetzt. Dort, wo die Sedimente der Perm/Trias-Grenze zu beobachten sind, ist die Schichtenfolge oft nicht vollständig: Wie am Ende der Kreide hat sich das Meer zurückgezogen; das führte zu Sedimentationsunterbrechung und Erosion. Dieser Meeresrückzug war, wie es scheint, noch bedeutender als jener am Ende des Mesozoikums: Der Meeresspiegel sank um 250 m ab. Diese Regression könnte mit Änderungen der relativen Plattengeschwindigkeiten in Zusammenhang gestanden haben und mit der bedeutenden Flächenabnahme der Flachmeere, diese wiederum ging auf die Zusammenfügung Pangäas zu einer riesigen und einzigartigen Landmasse zurück. Die Regression hatte tiefgreifende Veränderungen der Lebensräume zur Folge und unterwarf die Arten bereits einer schweren Belastungsprobe.

Einige der besten Aufschlüsse der Perm/Trias-Grenze liegen in China. Das Massensterben scheint hier weniger selektiv als an der K/T-Grenze erfolgt zu sein. Organismen,

---

[1]   Vgl. Kap. 1

[2]   Vgl. Fußnote 7 in Kap. V.

die in den Tiefen des Meeres wie auch am Kontinentalrand und im Flachwasser leben, sterben massenhaft aus[3]: Die Fusulinen, für permische Sedimentgesteine weltweit bezeichnende Großforaminiferen, die Riffbauer, die Seelilien, Bryozoen und Brachiopoden, fast alle Nautiloidea verschwinden. Die Ammoniten, die die Meere im Mesozoikum beherrschen werden, verdanken ihre Existenz nur dem Überleben einiger seltener Arten dieser Cephalopoden, den Goniatiten. Die seltenen Beleg-Profile aus dem kontinentalen Milieu, die in China und in Südafrika erhalten sind, enthüllen eine tiefgreifende Veränderung der Vegetation und ein „Gemetzel" unter den lebendgebärenden Reptilien, von denen lediglich eine von hundert Arten überlebte.

Ganz kürzlich erst haben STANLEY und YANG eine minutiöse Auszählung der Gattungen von sechs marinen Gruppen über das ganze Perm durchgeführt: Brachiopoden, Ammonoidea, Bryozoen, Fusulinen, Gastropoden und Muscheln. Die beiden Forscher belegen zwei kurze und einschneidende Krisen, die eine am Ende des Guadalup, der vorletzten Stufe des Perms, die andere 5 Mio. Jahre später, am Ende des Tartar, der letzten Stufe des Perms und somit des Paläozoikums. Die Perm/Trias-Krise ist nicht nur die bedeutendste der Erdgeschichte gewesen. Vielmehr ging ihr – und das ist einmalig in der Erdgeschichte – kurze Zeit zuvor eine weitere, fast ebenso heftige Krise voraus. Das erklärt, daß die ersten Bearbeiter den Eindruck hatten, als sei sie über die Zeit gestreckt gewesen. Nach dieser doppelten Krise hat das Leben auf der Erde nicht mehr dasselbe Aussehen. Die terrestrischen Ökosysteme werden mehrere Millionen Jahre brauchen, um sich davon zu erholen.

Die Analyse der physikalischen, chemischen und isotopischen Veränderungen der Sedimente in einigen Profilen der Perm/Trias-Grenze ist durch den – leider kürzlich verstorbenen – israelischen Geochemiker MORDEKAI MAGARITZ und seine Kollegen zusammengefaßt worden. Die deutlichste Information liefert die Verteilung der Kohlenstoff-Isotope[4]. Ein schneller und bedeutsamer Abfall des $^{13}C/^{12}C$-Verhältnisses könnte darauf hinweisen, daß organisch gebundener Kohlenstoff (aus abgestorbenen Organismen) in überaus großen Mengen sedimentiert, in Sedimenten gespeichert und dann – vielleicht aufgrund der im Gefolge der Regression beschleunigten Erosion – oxidiert worden ist. So fand man Spuren eines Abfalles der biologischen Produktivität und des Sauerstoffgehaltes der Atmosphäre und einen Anstieg der CO_2-Konzentration dortselbst. Die Elemente der Platin-Gruppe, insbesondere Iridium, zeigen nicht die Anwesenheit extraterrestrischen Materials an und die Zusammensetzung der Tonminerale oder der Gehalt an Seltenen Erden ebensowenig. Man beobachtet nicht den kleinsten geschockten Quarz und – so scheint es – auch nicht das kleinste extraterrestrische Kügelchen. Die Entdeckungen erhöhter Iridium-Gehalte (von 2 bis 8 ppb) in zwei Profilen der Provinzen Zhejiang und Sichuan durch zwei chinesische Arbeitsgruppen, die um 1985 veröffentlicht wurden, sind durch zahlreiche und sorgfältige Nachmessungen durch drei getrennte Arbeitsgruppen unter Leitung von FRANK ASARO, CARL ORTH und ROBERT ROCCHIA nicht bestätigt worden. Sie haben lediglich Werte gefunden, die 50- bis 1000fach niedriger waren. Die Proben der chinesischen Arbeitsgruppen waren offensichtlich verunreinigt.

---

[3] Vgl. JEAN-JACQUES JAEGER, op. cit.

[4] Der Kohlenstoff hat zwei stabile Isotope, ^{12}C und ^{13}C, die durch anorganische und organische Prozesse fraktioniert werden. Die Karbonate sind im allgemeinen an ^{13}C angereichert, organische Substanz dagegen an ^{12}C. $\delta^{13}C$ drückt den Unterschied zwischen den $^{13}C/^{12}C$-Verhältnissen einer Probe und eines Standards in Promille aus. Dieses Verhältnis vermittelt eine Vorstellung von der Größe der auf der Erde verfügbaren Biomasse, wie sie in einem Sediment bekannten Alters dokumentiert ist.

Das Alter der sibirischen Flutbasalte

Bereits 1982 hatte JASON MORGAN diesen größeren Faunenschnitt des Phanerozoikums mit den Vulkanit-Massen in Verbindung gebracht, die einen Teil Sibiriens bedecken. Durch unsere Arbeiten im Dekkan-Trapp drängte sich uns die einfache Frage auf, ob vielleicht auch andere Flutbasalte mit anderen größeren Massensterben in Zusammenhang stehen? Um irgendeinen Wert zu haben, sollte ein wissenschaftliches Modell Voraussagen erlauben. Sein Erfolg hängt davon ab, wie es solchen Überprüfungen standhält. Wir mußten mit dem größten Massensterben aller Zeiten beginnen: Also haben wir vorausgesagt, daß das Ende des Perm mit den Flutbasalten Sibiriens zeitlich zusammenfalle. Am NW-Rand der sibirischen Plattform gelegen, bedecken diese heute 350.000 km². Ihre Gesamtmächtigkeit erreicht stellenweise 3700 m. Das Volumen dieser Basaltströme – es gibt einige Dutzend davon – dürfte ursprünglich mehr als 2 Mio. km³ betragen haben, wie das im Dekkan der Fall ist (vielleicht aber auch viel mehr, wenn man bedenkt, daß sie sehr alt und vermutlich teilweise erodiert sind). Dieser von uns nach MORGAN unterbreitete Vorschlag war leicht zu überprüfen. Dazu mußten wir Arbeiten analog zu unseren Untersuchungen im Dekkan durchführen.

Die ersten geochronologischen Arbeiten russischer Wissenschaftler ließen die Vermutung zu, daß der Vulkanismus, der kontinentale Sedimente des Oberen Perm überlagerte, während eines Zeitraumes von 40 Mio. Jahren aktiv war. Dann aber konnten, im Jahre 1991, PAUL RENNE aus Berkeley und sein Kollege ASISH BASU wiederum mit Hilfe von Argon-Isotopen zeigen, daß der Hauptteil der Flutbasalte in weniger (vielleicht viel weniger) als 1 Mio. Jahre gefördert worden ist – und zwar vor 248 Mio. Jahren (mit einer Unsicherheit von 2 Mio. Jahren bezüglich des absoluten Alters). Eine Zusammenstellung der magnetischen Daten der russischen Forscher sollte nur eine einzige Umkehr des erdmagnetischen Feldes in dem Vulkanit-Stapel belegen. Die Kürze dieses Ereignisses und sein Zusammentreffen mit der biologischen Grenze waren mit der größten zu dem Zeitpunkt erreichbaren Genauigkeit bestätigt.

Während die Befundlage für die Flutbasalte des Dekkan weniger eindeutig war, zeigen die Laven und die Aschen an der Basis des sibirischen Trapps, daß den Lava-Ergüssen sehr explosive vulkanische Phasen und eine starke Schwefel-Emission vorausgegangen sind oder sie begleitet haben. Das läßt an bedeutende Klima-Effekte denken. Die Chemie dieser Flutbasalte weist darauf hin, daß die Lava aus einer Quelle von ursprünglicher Zusammensetzung im Erdmantel stammt und beim Aufstieg durch die alte kontinentale Lithosphäre Sibiriens verunreinigt wurde. Ein Manteldiapir war einmal mehr der vermeintlich „Schuldige". Es ist festzuhalten, daß die Lava-Ergüsse der Trappbasalte weder zu einer Dislokation des asiatischen Kontinents geführt haben, noch zur Geburt eines neuen Ozeans.

Die Dauer des Ereignisses würde mit jener des Vulkanismus in Beziehung zu setzen sein, aber auch, und vielleicht vor allem, mit der Dauer und der Intensität der Meeresspiegelabsenkung. Wir haben gesehen, daß letztere von einer drastischen Verkleinerung der Flachmeergebiete um die Kontinente herum begleitet war, die die am stärksten diversifizierten Faunengemeinschaften beherbergen. Es sieht so aus, als gäbe es viele Ähnlichkeiten zwischen den Ereignissen, die die beiden größten Krisen der letzten 300 Mio. Jahre begleitet haben: die schnelle Eruption außergewöhnlich großer Massen von kontinentalen Basalten, die mit den zwei Ereignissen des Massensterbens zusammenfallen, ohne daß es indessen den geringsten Hinweis auf einen Impakt am Ende des Paläozoikums gäbe.

Ende der Trias, Vulkanismus und Öffnung des zentralen Atlantiks

Das „vulkanische Modell" hat eben in jeder Hinsicht einen bedeutenden Sieg davongetragen. Wie steht es also mit den anderen Trappbasalten und anderen Massensterben? Die Krise an der Wende von der höchsten Trias zur ersten Stufe des Jura, dem Hettangium, – vor etwa 200 Mio. Jahren – ist eine der fünf großen Krisen des Phanerozoikums (vgl. Abb. 2). Sie wird im allgemeinen als ein wenig schwächer als die K/T-Krise angesehen, obwohl sie mit gewissen Meßverfahren für den Grad der Auslöschung als fast gleichwertig eingestuft werden kann. Zu dieser Zeit hingen die Kontinente noch alle zusammen: Sie bildeten die große Landmasse der Pangäa. Und das Ende der Trias kennt eine Regressions-Phase: Der niedrige Meeresspiegel erklärt einmal mehr die geringe Verbreitung von Schelfmeeren und die sehr geringe Zahl von detaillierten und kontinuierlichen geologischen Profilen, die Zeugnisse dieses Ereignisses sind.

Es sieht so aus, als seien in der höchsten Trias nahezu alle Ammoniten-Gattungen ausgestorben und mit ihnen mehr als die Hälfte der Muschel-Gattungen, d.h. fast die Gesamtheit ihrer Arten, zahlreiche Brachiopoden und Schnecken (mehr noch als an der P/T-Grenze). Die Conodonten[5], die während des Paläozoikums tonangebend waren und die es geschafft hatten, die Perm/Trias-Grenze zu überleben, sterben endgültig aus. Die Korallen und die Schwämme und das ganze von ihnen aufgebaute Ökosystem der Riffe verschwinden. Erst 10 Mio. Jahre später werden sie das Weltmeer mit anderen Formen wieder erobern. Die Foraminiferen sind weniger gut untersucht als die der K/T-Grenze. Sie scheinen weniger betroffen zu sein: „lediglich" 20% der Familien verschwinden.

Auf dem Festland sterben 80% der Vierbeiner aus, und die Flora erlebt eine größere Reorganisation. Während die Dinosaurier unterhalb der Grenze noch wenig zahlreich und von mäßiger Größe sind („nicht mehr" als 6 m), diversifizieren sie nach der Grenze sehr schnell: gewisse Arten erreichen außergewöhnliche Größen und machen bis zu 60% der durch Fossilien vertretenen Population aus. Man kann sagen, daß die Trias/Jura-Grenze den eigentlichen Beginn der Herrschaft dieser Arten markiert.

Die Dauer dieser Krise ist kaum bekannt. Es fehlen nämlich hinreichend aussagekräftige und häufige Archive. Und diese sind auch noch unzureichend untersucht. Der von Wissenschaftlern aller Disziplinen auf die K/T-Grenze verwandte Arbeitsaufwand ist in der Tat weit größer als bei den anderen Grenzen. Der britische Paläontologe ANTHONY HALLAM nennt Zahlen unterhalb von einer Million Jahre. Beim Impakt eines Meteoriten (oder eines Kometen) ist in Quebec der Manicouagan-Krater mit einem Durchmesser von 70 km entstanden. Dieser wurde für eine kurze Zeit als der mögliche Auslöser des Massensterbens am Ende der Trias betrachtet. Aber eine genaue Datierung auf 220 Mio. Jahre, fast 20 Mio. Jahre vor der Grenze, scheint fortan jeden kausalen Zusammenhang auszuschließen. Schließlich hat man trotz der in jüngster Zeit intensivierten Untersuchungen noch nicht die geringste Spur von Iridium oder von geschockten Quarzen gefunden. Nahezu niemand schlägt somit einen extraterrestrischen Ursprung für die Trias/Jura-Grenze vor.

Tatsächlich gibt es in diesem Zeitraum einen sehr ausgiebigen Vulkanismus. Die Karoo-Basalte in Südafrika haben ein Alter von 190 Mio. Jahren. Sie scheinen somit ein wenig jünger als die Grenze zu sein. Andererseits fallen die westafrikanischen Basalte und insbesondere die im Osten des nordamerikanischen Kontinentes[6] reichlich vorhan-

---

[5]   Diese Fossilien gehören zu den wesentlichen Hilfsmitteln für eine feinstratigraphische Korrelation im Paläozoikum und in der Trias. Ihre (unter dem Mikroskop ermittelte) Farbe hängt von der Temperatur ab, der sie ausgesetzt gewesen sind, und dient zur Bestimmung der Bedingungen der Erdöl-Reifung.

[6]   Die beiden Gebiete lagen damals noch nebeneinander, da der zentrale Atlantik sich noch nicht geöffnet hatte.

denen Vulkanit-Serien ziemlich genau mit der Grenze zusammen. Die Genauigkeit liegt in der Größenordnung von 1 Mio. Jahren. Anhand von Pollen-Analysen konnte man eine Nahezu-Koinzidenz (mit einer Unsicherheit von vermeintlich 50.000 Jahren) der paläontologischen Grenze und der vulkanischen Phase aufzeigen. Diese fällt im übrigen mit den ersten großen Phasen des Zerbrechens von Pangäa zusammen, mit denen die Öffnung des zentralen Atlantiks beginnt. Offenbar zeigen die stabilen Isotopen, etwa die des Sauerstoffs, keinen größeren klimatischen Wechsel an. Indessen sind die großen Meeresspiegelschwankungen in einer Welt ohne Eiskappen und die Zeugnisse anoxischer Ereignisse im Meer mit einer geogenen Ursache der biologischen Krise vereinbar: HALLAM sieht hier sehr wohl die Folgen einer anormalen Aktivität von Manteldiapiren und eines daraus resultierenden intensiven Vulkanismus.

Andere Flutbasalte und andere Massensterben

Im Laufe der letzten zwei oder drei Jahre sind weitere Flutbasalte eingehend untersucht worden. In nahezu allen Fällen sind diese Vorkommen, deren Volumen nach Millionen km^3 gerechnet werden, in einem geologisch sehr kurzen Zeitraum gefördert worden. Der liegt in der Größenordnung von 1 Mio. Jahren, bisweilen auch kürzer. Das ist beispielsweise bei der Thule-Provinz der Fall. Diese steht am Anfang des isländischen Hotspots und der Öffnung des Nordatlantiks. Das Alter der stellenweise 3000 m mächtigen Trapp-Basalte von Grönland ist genau, das heißt mit einer Unsicherheit von 2 Mio. Jahren, auf 59 Mio. Jahre datiert worden. In ihm scheint nur eine einzige Umkehr des Erdmagnetfeldes registriert worden zu sein: Ihr Alter fällt mit jenem der Grenze Paläozän/Eozän (57 Mio. Jahre) zusammen. Dort sind die Aussterberaten zugegebenermaßen gering.

Das Alter der ungeheuren Flutbasalte von Paraná in Brasilien (Abb. 17) ist gerade von PAUL RENNE auf 133 Mio. Jahre bestimmt worden – mit einer Unsicherheit von 1 Mio. Jahre. Noch vorläufige paläomagnetische Ergebnisse scheinen dort einmal mehr lediglich eine Inversion anzuzeigen. Das ist ein Indiz für die Kürze des Ereignisses. Die Grenze Jura/Kreide[7] hat dasselbe Alter (135 Mio. Jahre, auf etwa 5 Mio. Jahre genau). Die Flutbasalte von Paraná (oder von Serra Geral) stehen am Beginn des Tristan-da-Cunha-Hotspots. Darauf folgt die Öffnung des Südatlantiks. Ein Teil dieses Trapps, Etendeka, ist übrigens am afrikanischen Kontinent „kleben" geblieben.

Es könnte sein, daß die Trapp-Vorkommen von Äthiopien und Yemen mit dem Ende des Eozän vor 33 Mio. Jahren zusammenfallen. Allerdings ist ihr Alter noch nicht mit ausreichender Genauigkeit bekannt (entsprechende Arbeiten laufen im Rahmen einer französisch-äthiopischen Zusammenarbeit). Anschließend öffneten sich jedenfalls der Golf von Aden und das Rote Meer. Und der Hotspot, dessen Geburt die Trapp-Basalte anzeigen, liegt nicht weit entfernt – unter der Afar. Der Vulkanismus von Madagaskar ist etwa 90 Mio. Jahre alt. Er fällt möglicherweise mit dem Ende des Cenoman zusammen, während jener von Rajmahal in Indien, der etwa 116 Mio. Jahre alt ist, vermutlich das Ende des Apt anzeigt sowie die Geburt des Hotspots der Kerguelen. Für die Lavaströme von Farrar in der Antarktis ist ein Zusammenhang mit einem Faunensterben nicht ohne weiteres erkennbar. Ihre Förderung fällt vielleicht mit einer der Eruptionsphasen des Karoo-Vulkanismus in Afrika vor 180 Mio. Jahren zusammen. Es sieht so aus, als

---

[7] So wie sie von Stratigraphen und Paläontologen definiert ist, und zwar immer auf der Grundlage des Aussterbens bzw. Erscheinens von Faunen.

ob eine Ozean-Öffnung – jene, die die beiden größeren Teile von Gondwana trennt – bereits im Gange war, als die Förderung der Magmen begann (während in den anderen Fällen die Öffnung gleichzeitig mit der Laven-Förderung oder aber geringfügig später erfolgte).

Die Korrelation

Mehrere Autoren[8] haben die neuesten Altersbestimmungen der 12 wesentlichen Flutbasalt-Provinzen und der zehn größten Ereignisse von Massensterben während der letzten 300 Mio. Jahre zusammengestellt: Die Abb. 19 zeigt das Ergebnis: die Korrelation ist nahezu perfekt. Andere Autoren würden zweifellos geringfügig abweichende Listen und Alter vorschlagen: Ihre Ergebnisse würden sich indessen kaum unterscheiden. Die Korrelation wurde um so besser, je genauer die Altersbestimmungen wurden. Die Wahrscheinlichkeit, daß eine solche Übereinstimmung zufällig sein könnte, ist kleiner als 1 %.

JASON MORGAN, der immer Vorreiter ist, und erst kürzlich MICHAEL RAMPINO und RICHARD STOTHERS hatten vorausgesagt, daß die Alter der Flutbasalte mit den Hauptgrenzen der Geologischen Zeitskala übereinstimmen. Diese aber beruhen, wie wir im ersten Kapitel gesehen haben, auf den markanten Faunenschnitten. Es gibt wenige Ausnahmen, und die Genauigkeit dieser Bestimmungen ist ziemlich groß; sie reicht von Fall zu Fall von 1 bis zu 5 Mio. Jahren. Die alte und verstaubte, aus dem 19. Jhdt. übernommene Zeitskala ist somit in Wirklichkeit Ausdruck eines der großen internen Rhythmen der Erde.

Zwei Basaltprovinzen (Columbia und Karoo) scheinen nicht mit einem Aussterbe-Ereignis verknüpft zu sein, und zwei Aussterbe-Ereignisse (Pliozän und Mittl. Miozän) scheinen ohne Bezug zu einem Trapp-Vorkommen zu sein; wir sollten indessen festhalten, daß die Basalte des Columbia-Plateaus, der ohnehin kleinsten Provinz dieses Typs, einen Bezug zu gewissen Ereignissen im Miozän haben könnten. Von den 12 Trapp-Vorkommen, die jünger als 300 Mio. Jahre sind, können wenigstens neun mit einem größeren Aussterbe-Ereignis in Zusammenhang gebracht werden und sieben der zehn größten Massensterben mit einer Phase von starkem Basalt-Vulkanismus. Das Aussterben im Pliozän seinerseits gilt bei vielen Autoren als vergleichsweise unbedeutend und von nur regionaler Bedeutung. Vielleicht kann es mit den Vereisungen in Beziehung gebracht werden oder sogar mit dem ersten Auftreten des Menschen[9]. Wie dem auch immer sei, die Korrelation zwischen dem Auftauchen eines Hotspots, der Bildung von Trapp-Basalten, Massensterben und bisweilen dem Zerbrechen eines Kontinentes und der Geburt eines Ozeans ist frappierend. Wir sollten daran denken, daß selbst aus Sicht der meisten Befürworter der Asteroiden-Impakt-Hypothese und insbesondere der Iridium-Spezialisten der einzige gut dokumentierte Fall zu ihren Gunsten die K/T-Grenze ist.

Wenn man das klimatische Szenarium der Vulkanismus-Hypothese anerkennt, so ist doch klar, daß das Ausmaß der biologischen Folgen von vielen Faktoren abhängt: Lage der Kontinente, Meeresspiegelstand und Klima zum Zeitpunkt der Eruptionen, Ausmaß, Dauer und Zahl der Einzelereignisse und deren zeitliche Abstände ... JAVOY und

---

[8]   Siehe z.B. COURTILLOT, V. (1994): „Mass extinctions: seven traps and one impact?" – Israeli Journal of the Earth Sciences, 43: 255-266; Jerusalem.

[9]   Siehe das letzte Kapitel.

MICHARD haben den Gesamteffekt einiger größerer Basaltströme im Abstand von wenigen 100 Jahren dargelegt. Wenn man die effektive Förderdauer der Laven auf lediglich 100.000 Jahre (oder weniger) schätzt, dann liegt die mittlere Förderrate über > 10 km^3/Jahr. Dabei können Phasen gesteigerter Tätigkeit wesentlich heftiger sein. Es können dann auch einmal mehr als 1000 km^3 in weniger als einigen Wochen[10] gefördert werden. Selbst die niedrigsten mittleren Förderraten machen die Trapp-Ergüsse zu geodynamischen Ereignissen allerersten Ranges.

Die herausragende Rolle des Schwefels in den in die Atmosphäre emittierten Aerosolen wurde weiter oben unterstrichen. Ein anderer für das Klima bedeutender Faktor ist das Milieu, in dem sich der Vulkanismus abspielte. Das ist zweifellos der Hauptgrund, warum die außerordentlich großen Lava-Massen des Ontong-Java-Plateaus, die sich zu Beginn des Apt vor etwas mehr als 115 Mio. Jahren über einen Zeitraum von ungefähr 3 Mio. Jahren ausschließlich unter Wasser ergossen haben, nur geringe oder gar keine größeren biologischen Folgen hatten. Demgegenüber hatten die Basalterguesse des Dekkan und jene in Sibirien, die sich aus subaerischen Spalten ergossen, und deren Gase direkt in die Atmosphäre gelangten, verheerende Folgen. Es gibt auch Situationen, bei

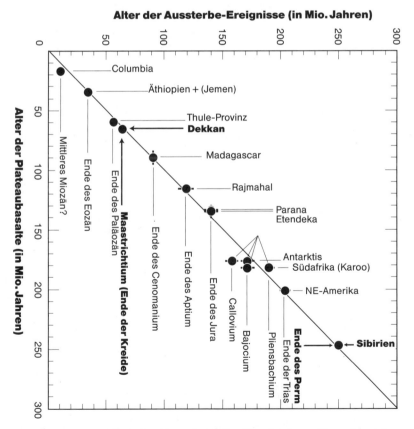

Abb. 19 Die Korrelation zwischen den Altern der großen Basaltplateaus (Trapps) und den wesentlichen Phasen des Massensterbens der Arten ist nahezu perfekt.

---

[10] Zum Vergleich: 12 km^3/Jahr aus der Laki-Spalte (Island, 1783) (siehe weiter oben).

denen Basalte möglicherweise zum einen unter Luft und zum anderen unter Wasser gefördert worden sind. Das ist wohl bei den Trapp-Basalten der Thule-Provinz der Fall. Sie werden mit einem schwachen Aussterbeereignis am Ende des Paläozän in Verbindung gebracht.

Bei einem kurzen Blick auf die zeitliche Abfolge der Flutbasalte drängt sich der Eindruck einer gewissen Regelmäßigkeit auf. RAMPINO und STOTHERS waren die ersten, die im Jahre 1988 eine quantitative Korrelation zwischen den Altern der Flutbasalte und denen der Aussterbeereignisse vorgeschlagen hatten. Sie wiesen damals ebenfalls darauf hin, daß diese Ereignisse mit einer merklichen Periodizität ungefähr alle 30 Mio. Jahre aufeinanderzufolgen schienen. Vier Jahre später meinten die Paläontologen RAUP und SEPKOWSKI, eine Periodizität von 26 Mio. Jahren zwischen den Hauptphasen des Massensterbens belegen zu können. Mußte man da Anzeichen einer grundlegenden Uhr sehen? Und sollte man den Uhrmacher im Himmel oder unter der Erde suchen? Diese Frage nach der Periodizität hat die Gemeinschaft der Erdwissenschaftler einige Jahre lang beschäftigt. Wir werden uns ihr nun ein Weilchen widmen.

Kapitel 7   Nemesis oder Shiva

Um eine Periodizität in einer zeitbezogenen Beobachtungsreihe zu bestimmen, braucht man besondere Verfahren. Wir begeben uns auf das Gebiet der Signalverarbeitung. Dieses hat durch die explosive Erweiterung der Möglichkeiten zur Erstellung, Übermittlung und Speicherung von Information seit gut 50 Jahren eine außergewöhnliche Entwicklung erfahren. Die Methoden zum Herausfiltern von Informationen, welche in einer Reihe über die Zeitachse verteilter Messungen verborgen sind, insbesondere ihrer mehr oder weniger versteckten Periodizitäten, gehen indessen auf grundlegende Arbeiten von JOSEPH FOURIER und des Barons PRONY[1] zu Beginn des 19. Jahrhunderts zurück. Die Signalverarbeitung wurde zur Analyse von Signalen entwickelt, deren Dauer in Relation zu den erforschten Periodizitäten[2] groß ist. Deshalb hat das Verfahren zu zweifelhaften Schlußfolgerungen und zu bisweilen vorlaut vertretenen Ergebnissen geführt, wenn es auf relativ kurze Reihen, wie sie Trapp-Basalte oder Massensterben[3] darstellen, angewendet wurde, bei denen die Zahl der Daten i.a. klein ist und zudem die Intensität eines einzelnen Ereignisses – ebenso wie sein Alter – mit einer starken Unsicherheit behaftet ist.

Eine Krise alle 30 Millionen Jahre?

Kaum war die berühmte Periodizität von 26 Mio. Jahren von RAUP und SEPKOWSKI veröffentlicht, als sie bereits zum Gegenstand schwerer Angriffe wurde. Mehrere Statistiker wiesen darauf hin, daß schon die geologische Zeitskala, d.h. die zeitliche Abfolge der Grenzen geologischer Systeme, eine solche Periodizität enthielte. Diese würde in dem Augenblick verschwinden, wo man willkürlich eine neue Grenze im Inneren einer Periode einführte, die etwas länger als die Kreide ist: Die Periode wäre also nur ein durch diesen Maßstab bedingter Artefakt. Gewiß, aber die Skala ist ja gerade auf der Grundlage der größten Aussterbeereignisse erstellt worden. Sie dienten ja dazu, die Stufen zu definieren. Wenn die Periodizität der Aussterbeereignisse den Tatsachen entsprach, war es nicht erstaunlich, daß man sie in der Skala wiederfand! Während wir das genaue Alter der Trapp-Basalte im Laufe der letzten 5 Jahre wesentlich genauer bestimmt hatten, gingen RAMPINO und STOTHERS fortan in ihren Ansichten auseinander. Während der erste immer noch die Vorstellung von einer annähernd genauen, wenn auch nicht ganz strengen Periodizität in der Größenordnung von 30 Mio. Jahren vertritt, glaubt der zweite fortan bestätigen zu können, daß die Abfolge offensichtlich nicht periodisch ist. Diese mysteriöse Periodizität glauben RAMPINO und CALDEIRA nicht nur in den Trapp-Basalten und in den Massensterben wiederzufinden, sondern auch in den

---

[1] Es gibt mehrere Methoden zur Darstellung von Informationen in einer Zeitreihe, die nicht mehr eine Funktion der Zeit, sondern der Periode (oder der Frequenz) sind. Diese Darstellung, bei der das Vorhandensein einer Welle mit einer bestimmten Periode als Peak erscheint, heißt Spektrum. Die Anwendung der Fourier-Transformation ist eine der klassischsten, wenngleich eine nicht ganz fehlerfreie Methode, um solche Spektren zu erhalten.

[2] Beispielsweise zur Erforschung der Perioden der Mond- oder Sonnengezeiten in mehrjährigen Reihen oder zur Erforschung der Obertöne und Dominanten über einem Grundton in der Musik.

[3] Was hier wichtig ist, ist die geringe Zahl der Punkte – nur etwa zehn –, und man darf sich nicht von der Tatsache beeindrucken lassen, daß die Reihe 300 Mio. Jahre verkörpert.

Meeresspiegel-Schwankungen, den Phasen der Gebirgsbildung, den rapiden Veränderungen der Ozeanboden-Spreizung, den klimatischen Ereignissen, die in den Sedimenten zur Bildung von Schwarzschiefern („anoxic events") oder von Evaporiten (Salzen) geführt haben. Sollte diese Zyklizität ein Kennzeichen, ein Pulsschlag der irdischen Dynamik sein?

Nemesis, der Stern des Todes

Im Jahre 1984 untersuchten WALTER ALVAREZ und sein Kollege RICHARD MULLER, ein Astronom in Berkeley, rund 15 Impakt-Krater, die jünger als 250 Mio. Jahre sind; über einem starken Hintergrundrauschen zeigt sich in ihrem „Spektrum"[4] ein Peak, der einer Periodizität von 28 Mio. Jahren entspricht. Die entsprechende Abbildung in ihrem Aufsatz in *Nature* macht ein wenig träumerisch, und ihre Datenbasis erscheint arg knapp und recht brüchig. Aber sie wird zur Stützung einer neuen Theorie dienen, über die viel geredet werden soll. RICHARD MULLER und seine Mitarbeiter schlagen in der Tat vor, in der berühmten Periodizität den Beweis dafür zu sehen, daß die Sonne einen Begleiter habe. Den nennen sie Nemesis: unser Sonnensystem wäre also in Wirklichkeit ein Doppelstern. Dieser Begleiter sei von geringer Größe, bewege sich auf einer stark ausgelängten elliptischen Bahn um die Sonne und gerate alle 28 Mio. Jahre in die Oortsche Wolke. Diese sehr weit jenseits der äußeren Planeten gelegene Oortsche Wolke ist das (hypothetische, aber sehr wahrscheinliche) Reservoir der Kometen, die episodisch in das Innere des Planetengürtels eindringen, und von denen sich einige der Erde nähern. Die Störungen des Schwerefeldes durch die Annäherung des neuen Sternes würden periodisch die Zahl der Kometenkerne vergrößern, die in das Innere des Sonnensystems geschleudert werden. Damit wüchse die Wahrscheinlichkeit, daß einige von ihnen mit unserem Planeten kollidieren. Diesem hypothetischen Stern, der alle 28 Mio. Jahre den Tod auf die Erde brächte, gab man den Namen der Nemesis[5], einer griechischen Göttin der Rache, aber auch der ausgleichenden Gerechtigkeit und der Schicksalsläufe, die auf Zeiten übergroßen Wohlstandes Unglück folgen läßt. Die National Science Foundation, das amerikanische Äquivalent zum französischen CNRS (bzw. zur Deutschen Forschungsgemeinschaft, DFG), hat ein umfangreiches Programm zur Erforschung des Himmels finanziert, auf daß der Schuldige gefunden werde: Man wird nicht erstaunt sein, daß dieses Programm noch nicht ans Ziel gekommen ist... Keine Nemesis am Rande des Himmels.

Kürzlich hat GRIEVE die Altersabfolge der Krater neu untersucht. Und es sieht sehr danach aus, daß mit der Verbesserung der Meßwerte die Vorstellung von einer Periodizität von nahezu 30 Mio. Jahren nun mit Fug und Recht aufgegeben werden könnte. STOTHERS findet die Periodizität nicht mehr, als er die sieben Krater mit Durchmessern von mehr als 5 km und mit Altern von weniger als 70 Mio. Jahren untersucht, die er für hinreichend gut datiert ansieht. Andererseits glaubt er, eine gute Korrelation mit sechs Grenzen geologischer Stufen zu beobachten. Ich teile diese Ansicht nicht. Fünf davon sind nämlich kleinere Ereignisse im Tertiär; die beiden bedeutenden Ereignisse des Mittleren Miozäns und des Oberen Eozäns sind mit keinem einzigen Krater in Beziehung zu setzen. Der einzige, der einem größeren Ereignis möglicherweise hätte entspre-

---

[4] Vgl. Fußnote 1 in diesem Kapitel.

[5] Siehe das ausgezeichnete kleine Buch von DAVID RAUP (1986): The Nemesis Affair. – New York (Norton).

chen können, ist der Krater von Manson in Iowa. Das Alter dieses kleinen Kraters ist 1989 auf 66 Mio. Jahre geschätzt worden, was der K/T-Grenze entspricht. Und umgehend ist vorgeschlagen worden, darin die Spur eines Fragments des ALVAREZ-Meteoriten zu sehen. Er ist mit seinen 35 km Durchmesser zu klein, um alleine das Ende der Dinosaurier verursacht haben zu können. Tatsächlich ist er gerade genauer und zuverlässiger untersucht worden: Er ist 74 Mio. Jahre alt. Die magnetische Polarität der beim Impakt aufgeschmolzenen Gesteine stimmt im übrigen mit der inversen Polarität, die an der K/T-Grenze herrrschte, nicht überein. Das war's mit Manson...

Impakte und Inversionen

Im Vertrauen auf die Gültigkeit der Korrelationen zwischen der Häufigkeit der Impakte, der Aussterbe-Ereignisse und der Klimaveränderungen sind einige Forscher so weit gegangen vorzuschlagen, daß die Impakte nicht nur die Klimate verändern, sondern auch Eiszeiten hätten auslösen können (von denen es gleichwohl nicht die geringsten geologischen Zeugnisse am Ende der Kreide gibt), und mithin hätte sich die Lage der Trägheits-Achsen der Erde verändert. Das würde eine en-bloc-Verschiebung der Erdkruste gegenüber der Rotationsachse bewirken.

Dieses hätte dann die Bewegungen im flüssigen Erdkern verändern und Inversionen des irdischen Magnetfeldes auslösen können. Zur Unterstützung dieses hochgradig spekulativen Modells bemühten die Autoren als junge Beispiele die Übereinstimmung zwischen den Altern der Tektite in Australien und Asien, die ein Zehntel der Festlandsfläche bedecken und zweifellos den Impakt eines sehr großen Asteroiden belegen, und jenem der letzten Feld-Inversion, d.h. des Übergangs von der invers-magnetischen Matuyama-Epoche zur gegenwärtigen normalen Brunhes-Epoche. Das sind 780.000 Jahre. Ein weiteres Beispiel lieferten die Tektite der Elfenbeinküste und die vorletzte, die Jaramillo-Inversion vor etwa 970.000 Jahren. Durch genaue Untersuchungen an hochauflösenden Sedimenten aus ozeanischen Bohrkernen (d.h. hauptsächlich an Sedimenten mit sehr hoher Sedimentationsrate) konnten diese Koinzidenzen widerlegt werden. Der für die Tektite Australiens verantwortliche Impakt ereignete sich 120.000 Jahre vor der Grenze Brunhes/Matuyama und jener der Elfenbeinküste 8.000 Jahre nach Jaramillo. Im ersten Falle konnte man die Entwicklung der Atmosphäre anhand von Sauerstoff-Isotopen aus Eiskernen der Antarktis nachzeichnen. Dabei konnte man keine Korrelation, keine Beziehung zwischen Ursache und Ergebnis ermitteln. Und darüber hinaus ist kein Massensterben zur Zeit dieser Inversionen bekannt.

Ich habe einige Jahre lang Signalverarbeitung an der Universität unterrichtet. Trotz dieser Erfahrung gestehe ich gerne meine Verwunderung über den Austausch von Argumenten, wenn es um „endgültige" Beweise oder Widerlegungen aller dieser Korrelationen durch herausragende Fachleute ging. Es ist zweifellos kaum vernünftig, derart ausgetüftelte Methoden auf so kurze Zeitreihen anzuwenden. Sie werden in solchen Fällen immer nur zu zweideutigen Aussagen führen. Die Botschaft an die Studenten ist klar: Bewahren Sie sich Ihren Verstand und lassen Sie sich nicht (zu sehr) von kategorischen Behauptungen Ihrer Professoren beeindrucken[6]. Die im vorhergehenden Kapitel erstellte Korrelation (Abb. 19) scheint mir keine Periodizität zu belegen. Der Leser möge selbst urteilen.

---

[6] Nicht zu sehr, aber immerhin ein wenig ...

Haben die Impakte die Trapp-Ergüsse ausgelöst?

Was bleibt, ist lediglich, daß die wesentlichen Ereignisse des Massensterbens gut mit den Effusionen der Trapp-Basalte zusammenzufallen scheinen und einige Aussterbeereignisse vielleicht, wenngleich in sehr kleiner Zahl, mit Impakten. Dann nistet sich ein Gedanke im Kopf ein, insbesondere für die Grenze Kreide/Tertiär: Wäre ein riesiger Impakt in der Lage gewesen, die Erdkruste derart intensiv zu zertrümmern, daß der Vulkanismus hätte ausgelöst werden können? 1987 stellte MICHAEL RAMPINO auf der Grundlage von Berechnungen von TOM AHRENS die Hypothese auf, daß ein Bolide von 10 km Durchmesser, der die Erde mit einer Geschwindigkeit von mehr als 10 km/s träfe, dort einen Krater von mehr als 20 km Tiefe, vielleicht sogar von 40 km, erzeugen würde[7]. RAMPINO schlug vor, Spuren davon unter den Flutbasalten des Dekkan zu suchen. Obwohl unsere direkte Kenntnis des Untergrundes der Trapp-Basalte (beispielsweise durch Bohrungen) fast null ist, zeigen die ehemals von den Laven bedeckten und seither durch Erosion wieder freigelegten Gebiete weder Brüche noch direkte Spuren eines Schocks, die einen solchen Impakt anzeigen könnten. Einige Autoren gingen so weit, die irdischen Flutbasalte mit den Maria auf dem Mond zu vergleichen. Von den letztgenannten weiß man, daß sie sehr wohl der Laven-Füllung ungeheuer großer Krater entsprechen, die durch riesige Impakte vor mehr als 3,5 Milliarden Jahren entstanden sind (Abb. 6). Aber es handelte sich dort um Boliden, die sehr viel größer waren als der von den beiden ALVAREZ für die K/T-Grenze ins Spiel gebrachte, und für die, nach Ablauf der ersten Milliarde Jahre nach der Entstehung des Sonnensystems, die Wahrscheinlichkeit einer Kollision mit der Erde um vieles kleiner ist als 1 auf 100 Mio. Jahre (und ohne Zweifel auch auf 1 Milliarde Jahre).

Der Gedanke, der Impakt eines Asteroiden von etwa 10 km Durchmesser könne zum schnellen Erguß von Flutbasalten führen, scheint mir auf einer falschen Vorstellung vom Inneren der Erde zu beruhen: Es handelt sich um die Idee, die im letzten Jahrhundert im Schwange war und die noch immer in gewissen Naturkundebüchern umhergeistert, daß nämlich der Erdmantel unter der festen Kruste geschmolzen sei und somit nahezu spontan ausfließen könne, wenn es nur Spalten gäbe, die das zuließen. In Wirklichkeit enthält die Asthenosphäre ohne Zweifel nur einige Bruchteile (einige ppm) Schmelze. Selbst wenn man 20 km Krusten-Mächtigkeit in einem Krater von 100 km Durchmesser abzöge, wäre ein Impakt nicht in der Lage, die 10 Mio. km^3 des Mantels zu schmelzen, die notwendig wären, um die Laven des Dekkan in einer ausreichend kurzen Zeit hervorzubringen.

Andere Autoren haben vorgeschlagen, die Impakt-Stelle auf der entgegengesetzten Seite des Globus zu suchen. Die durch die Kollision freigesetzte und durch einen Linsen-Effekt auf die entgegengesetzte Seite des ursprünglichen Auftreffpunktes konzentrierte seismische Energie würde zur Aufschmelzung der Mantelgesteine und zu ihrer Förderung an Bruchlinien führen, die durch die Fokussierung von P-Wellen entstehen. Ein solcher Mechanismus erklärt gewisse Deformationen, die man auf dem Mond und auf dem Planeten Merkur jeweils auf der Gegenseite gewisser sehr großer Becken (oder Maria) beobachtet. Diese entstanden durch Riesenimpakte vor mehr als 4 Milliarden Jahren. Deren Spuren beobachtet man noch heute auf diesen beiden Himmelskörpern, weil diese weder Erosion noch Plattentektonik kennen. Der Gegenpol zum Dekkan-Trapp lag vor 65 Mio. Jahren im offenen Meer vor der Westküste Nordamerikas, und

---

[7] Diese Tiefe gilt nur vorübergehend und nur für kurze Zeit. Der Krater nimmt dann seine endgültige, „statische", Tiefe an, die deutlich geringer ist.

zwar auf der kleinen Farallon-Platte. Die ist seither subduziert und vom Mantel verschluckt worden. Es besteht somit keine Hoffnung, davon die geringsten Spuren wiederzufinden.

Das heißt somit, ein entscheidendes Argument gegen eine Verknüpfung Impakt/Vulkanismus an der K/T-Grenze ist die Tatsache, daß der Vulkanismus, wie wir gesehen haben, in einer Epoche mit normaler Polarität des Erdmagnetfeldes begann. Dieses paßt nicht zu der Tatsache, daß die Signaturen des Impaktes (Iridium und geschockte Quarze) in Sedimenten mit inverser Polarität gefunden werden.

Woher kommen die Manteldiapire?

Wenn die Manteldiapire nicht von den Impakten verursacht werden können, muß man fragen, welches dann der Ursprung dieser ungeheuren und seltenen Instabilitäten des Erdmantels ist. Die Ortsbeständigkeit der Hotspots untereinander, die mehrere Zehner von Jahrmillionen währt, und ihre relative Unabhängigkeit von der allgemeinen Konfiguration der Plattenbewegung haben JASON MASON zu dem Vorschlag veranlaßt, daß ihr Ausgangsort an der Basis des Unteren Mantels liegen sollte, nicht weit vom Erdkern entfernt. Dieser Gedanke scheint auf mehrere Schwierigkeiten zu stoßen: Zwischen 450 und 670 km Tiefe, in der von den Seismologen sog. „Übergangszone", nimmt die Geschwindigkeit seimischer Wellen ziemlich schnell zu. Das Hauptmineral des Mantels, der Olivin[8], geht wegen des steigenden Druckes in kompaktere und dichtere Mineralarten, Spinelle und Perovskite, über. Die Zähflüssigkeit nimmt dort zweifellos auch stark zu, und die Geschwindigkeit der Konvektion im Unteren Mantel sollte dadurch im Vergleich zu den typischen Geschwindigkeiten des Oberen Mantels (1-10 cm/a) spürbar reduziert sein. Einige Forscher glauben, daß die aus dem Unteren Mantel aufsteigenden Manteldiapire nur schwer die mechanische Barriere, die die Übergangszone darstellt, überwinden könnten. Die Geochemiker, insbesondere CLAUDE ALLÈGRE und seine Mitarbeiter, haben gezeigt, daß die aus ozeanischen Rücken ausgeflossenen Basalte aus einem Reservoir von chemisch anderer Zusammensetzung stammen als diejenigen der ozeanischen Inseln, die die Spur von Hotspots darstellen. Der Teil des Erdmantels, der von den Mittelozeanischen Rücken „beprobt" wird, ist an bestimmten Elementen verarmt, und zwar deshalb, weil die kontinentale Kruste seit 3 Milliarden Jahren daraus extrahiert worden ist. Die ozeanischen Inseln ihrerseits „beproben" einen viel tieferen Teil des Mantels. CLAUDE ALLÈGRE stellt den Ausgangspunkt der Hotspots somit in die Übergangszone, die den Unteren vom Oberen Mantel trennt. Aber er weist den Gedanken zurück, daß sie alle aus dem Unteren Mantel selbst stammen können.

Andere Forscher, wie ich, glauben, wenn es denn nicht möglich ist, diese Übergangszone zu durchqueren (ist es wirklich so unmöglich?), an eine Instabilität in der Tiefe. Diese bestünde aus einer bemerkenswerten Temperatur- und Dichte-Anomalie und könnte ihrerseits eine sekundäre Instabilität im Oberen Mantel hervorrufen (vgl. Abb. 18). Einige Forscher, wie DON ANDERSON, gehen schließlich soweit, sich vorzustellen – und sei es, um ein wenig zu provozieren –, daß die Hotspots keinen tieferen Ursprung haben, sie sich vielmehr an der Basis der Lithosphäre im Kontakt mit heterogenen Zonen des Liegenden bilden. Die seismische Tomographie erlaubt noch keine Schnitte, obwohl HENRI-CLAUDE NATAF von der Ecole Normale Supérieure de Paris glaubte, schwache Anomalien der Fortpflanzung seismischer Wellen an der Basis des Unteren

---

[8]   Fe-Mg-Silikat mit der Pauschformel $(Fe,Mg)_2SiO_4$

Mantels unter dem Pazifik nachweisen zu können. Er schlägt vor, dort die Wurzel eines tiefen Manteldiapirs zu sehen.

Hier sind wir bei einem Punkt, wo sich schon seit langem die Anhänger der Ein-Schicht- und der Zwei-Schicht-Konvektion im Mantel befehden. Jedes der beiden Lager hält dem anderen eine Reihe von überzeugenden Argumenten entgegen. Kürzlich auf immer leistungsfähigeren Computern durchgeführte Berechnungen führen vielleicht aus diesem Dilemma heraus. So hat PHILIPPE MACHETEL[9] von der Universität Toulouse gezeigt, daß die Übergangszone sehr wohl eine Hürde für den Material-Übertritt aus einem Teil des Mantels in den anderen darstellt. Das gelte aber nur in „normalen" Zeiten. Die Massen kalter, durch Plattenbewegung subduzierter Materie können sich über der Übergangszone anreichern und somit ein ungewöhnlich schweres Paket bilden. Das kann dann – im geologischen Maßstab – auf einen Schlag in den Unteren Mantel einsinken. Auf die gleiche Art und Weise könnte eine Ansammlung heißer und deshalb leichter Materie, die aus dem Unteren Mantel stammt, episodisch wie eine Fontäne in den Oberen Mantel einbrechen. Diese kurzzeitige Konvektion könnte die Anhänger einer normalen Dynamik (mit den längsten Phasen) mit denen wieder versöhnen, die daran glauben, daß plötzliche, episodische Phänomene möglich sind. Vielleicht muß man einige dieser Ereignisse mit Massensterben in Verbindung bringen.

Wenn die für die Trapp-Basalte verantwortlichen Manteldiapire von der Basis des Oberen Mantels aufsteigen, dann scheint es – in Analogie zu den weiter oben beschriebenen Erfahrungen –, daß der Durchmesser ihres Kopfes nicht mehr als 200 km und nach seiner Ausbreitung unter der Lithosphäre nicht mehr als ungefähr 500 km betragen könne. Das Volumen des anomal heißen Mantels, das für die Basalt-Massen der großen Trapp-Vorkommen notwendig ist, ist derartig groß, daß mir nur ein primärer Ursprung an der Basis des Mantels annehmbar erscheint. Berechnungen zeigen dann, daß der Kopf eines thermischen Manteldiapirs während seines Aufstieges zusätzliches Material des umgebenden Mantels aufheizt und mitreißt und dann einen Durchmesser von 1000 km erreicht. Anschließend kann er sich an der Basis der Lithosphäre über mehr als 2000 km ausbreiten, was gut mit der lateralen Ausdehnung der größeren Trapp-Vorkommen übereinstimmt. Wir wollen festhalten, daß die Gesamtmenge der Wärme, die gegenwärtig von den paar Dutzend aktiven Manteldiapiren nach oben transportiert wird, auf weniger als 10% des gesamten Wärmeverlusts[10] an der Erdoberfläche geschätzt wird. Der Wärmefluß, der die Unterseite der Grenzschichten, d.h. der Platten erreicht, ist gewissermaßen die Energiequelle für deren Drift, während die vom Erdkern verlorene Wärme zum Teil diejenige der Manteldiapire ist. Die sehr unterschiedlichen Formen, die die Konvektion annimmt, hängen von den Druck- und Temperaturbedingungen ab und insbesondere von den Fließgesetzen der Gesteine, die außerordentlich temperaturabhängig sind. Die starren und erkalteten Platten bestimmen durch ihre Rückkehr in den Mantel durch Subduktion eine ganz eigene Geometrie des Fließens. Diese ist im großen Rahmen unabhängig von derjenigen, die die zylindrischen Säulen der Manteldiapire induzieren. Platten und Manteldiapire sind somit zwei sich ergänzende Komponenten

---

[9] Siehe MACHETEL, PHILIPPE (1990): La convection dans le manteau terrestre. – La Recherche, **21**:1238–1246. – Paris.

[10] Dieser Wärmeverlust liegt in der Größenordnung von 80 Milliwatt/m^2. Das entspricht einer Glühbirne von 100 Watt auf 1250 m^2. Die von der Erde verlorene Wärme stammt aus mehreren Quellen: Verlust ursprünglicher Wärme, die auf Riesenimpakte bei der Akkretion des Planeten zurückgeht, latente Wärme, die im Kern durch Kristallisation an der Oberfläche seines inneren festen Teils, des sog. Inneren Erdkerns, freigesetzt wird, Wärme, die dem Verlust von Energie der Schwerkraft entspricht, und schließlich Wärme, die beim Zerfall der radioaktiven Isotope des Urans, des Thoriums und des Kaliums entsteht, die hauptsächlich in der Kruste konzentriert sind.

der Dynamik des Mantels. Ihre an der Oberfläche sehr voneinander abweichenden Erscheinungsformen erklären ohne Zweifel, warum die Begründer der Plattentektonik – ausgenommen JASON MORGAN – die Bedeutung der letztgenannten unterschätzt haben.

Manteldiapire und Inversionen

Durch eine gänzlich unabhängige Beobachtung können wir vielleicht das Verhalten des Kerns mit dem des Mantels in Beziehung setzen und somit die Hypothese von einem sehr tiefen Ursprung der Manteldiapire stützen. Aber deren Deutung, die wir nun vorbringen werden, wird noch sehr kontrovers diskutiert. Sie geht bis 1972 zurück und stammt von PETER VOGT. Es folgten nacheinander Phasen, in denen sie in Vergessenheit geriet oder angezweifelt wurde, bis sie Mitte der 80er Jahre wieder aufgegriffen wurde – und zwar durch MCFADDEN und MERRIOL bzw. LOPER und Mitarbeiter auf der einen Seite und durch JEAN BESSE und mich auf der anderen. Sie bezieht sich auf die Entwicklung der Inversionen des Erdmagnetfeldes in der Zeit. Einige Forscher, zu denen ich gehöre, schlagen nämlich vor, die sehr langfristigen Variationen der Häufigkeit dieser Inversionen mit den zwei größten Faunenschnitten in Beziehung zu setzen.

Wir haben am Beispiel der Arbeiten von LOWRIE und ALVAREZ in Gubbio gesehen, wie in kleinen Schritten eine Tabelle der Inversionen des Erdmagnetfeldes erstellt worden war. Diese Tabelle ist für die letzten 160 Mio. Jahre ziemlich genau. Das ist der Zeitraum, während dessen die magnetischen Anomalien in den Ozeanböden aufgezeichnet worden sind. Weniger gut kennt man die Inversionen für die früheren Perioden, wo ihre Kenntnis auf magnetostratigraphischen Messungen an wieder herausgehobenen[11] Sedimentfolgen, d.h. auf dem Festland, begründet ist. Während die Umpolungen im Maßstab einiger Millionen Jahre zufällig verteilt zu sein scheinen – mit einer mittleren Häufigkeit in der Größenordnung von 4 Inversionen in 1 Mio. Jahre in jüngster Zeit –, so bemerkt man, daß sich diese mittlere Häufigkeit über längere Zeiträume deutlich ändert: Sie hat seit 85 Mio. Jahren mehr oder weniger regelmäßig zugenommen.

Im Detail scheint die Häufigkeitskurve der Inversionen Schwankungen zu zeigen, die periodisch zu sein scheinen. Diese sind, wie die Periodizitäten der Massensterben oder der Impakt-Krater, noch Gegenstand einer heftigen Diskussion. Trotzdem ist die Häufigkeit der Inversionen die detaillierteste und zuverlässigste aller untersuchten Zeitreihen. Perioden relativ größerer Häufigkeiten gibt es bei 10 und 40, aber auch bei 25 Mio. Jahren und, weniger deutlich, bei 55 und 70 Mio. Jahren vor heute. 1983 schlugen ALAIN MAZAUD und CARLO LAJ vor, hier eine Periodizität der Größenordnung von 15 Mio. Jahren zu sehen. STOTHERS verteidigt eine Periodizität von 30 Mio. Jahren, während die Statistiker LUTZ und MCFADDEN darin nur Artefakte, Fluktuationen statistischer Natur sahen. LOPER und MCCARTNEY brachten diese quasi-periodischen Fluktuationen mit jenen in Beziehung, die in anderen Zeitreihen, insbesondere denen der Aussterbe-Ereignisse, aufgedeckt worden waren. Und sie sahen dort Hinweise auf eine zusätzliche Beziehung zwischen jenen Ereignissen in der Biosphäre und den Phänomenen, die ihre Ursache nur im Kern haben können. Hinsichtlich der Realität dieser Periodizität aber bleiben Zweifel...

Vor 85 Mio. Jahren war die Polarität des erdmagnetischen Feldes während einer außergewöhnlich langen Zeitdauer von ungefähr 35 Mio. Jahren unverändert in dem – heute zu beobachtenden – Normalzustand: Das ist die – im Englischen „superchrone"

---

[11] Vgl. das Kapitel 2.

genannte – lange Epoche normaler Magnetisierung der Kreide. Vor dieser Epoche lag die Häufigkeit der Inversionen bei einem maximalen Wert in derselben Größenordnung wie heute und hat dann abgenommen. Geht man noch weiter in der Vergangenheit zurück, trifft man auf eine ungewöhnlich lange Ruhepause am Ende des Paläozoikums, während des Karbon und des Perm, dieses Mal mit inverser Polarität. Sie hat 70 Mio. Jahre gedauert. Diese Superchrone ist von dem großen Paläomagnetiker TED IRVING, der dessen Bedeutung schon Ende der 50er Jahre erkannt hatte, Kiama(-Epoche)[12] genannt worden.

Für noch weiter zurückliegende Zeiten liegen nur vereinzelte und lokale Daten vor. Die Existenz einer dritten Ruhe-Epoche während des Ordovizium ist erörtert worden. Sie steht im Mittelpunkt gegenwärtig laufender Untersuchungen. Die zeitliche Entwicklung der Häufigkeit magnetischer Inversionen scheint somit nach einer Pseudo-Periode moduliert zu sein, einer charakteristischen Zeit-Konstante in der Größenordnung von 200 Mio. Jahren. Man kann nur mit Erstaunen feststellen, daß sich zwei der größten Trapp-Vorkommen, jene im Dekkan und in Sibirien, jeweils kurze Zeit nach den zwei außergewöhnlichen Epochen magnetischer Ruhe, wie sie die Superchrones der Kreide und des Kiama darstellen, ergossen haben. Beide fallen mit den beiden größten biologischen Krisen zusammen, die die Erde seit mehr als 300 Mio. Jahren erlebt hat.

Der irdische Dynamo

Wenn man annimmt, daß dieses Zusammentreffen von Massensterben einerseits und dem Auftauchen von konvektiven Manteldiapiren, die ihren Ursprung tief im Mantel haben, an der Erdoberfläche andererseits kein Zufall ist, dann muß man sich fragen, durch welchen Mechanismus diese beiden Phänomene mit den Inversionen des Erdmagnetfeldes verbunden sind. Der wesentliche Teil des erdmagnetischen Feldes geht auf elektrische Ströme zurück, die im Eisenkern der Erde fließen. Sich selbst überlassen, verschwinden solche Ströme in weniger als 10.000 Jahren, indem sie infolge des Joule-Effektes Wärme abgeben. Nun zeigt uns aber die Paläomagnetik, daß ein magnetisches Feld seit mehr als 3 Milliarden Jahren und zweifellos fast vom Anbeginn unseres Planeten besteht[13]. Folglich muß es einen Mechanismus geben, der das Feld erhält. Dieser Mechanismus ist an das Vorhandensein kräftiger und schneller Konvektionsbewegungen im Inneren des äußeren, flüssigen Teils des Kerns gebunden, und er ähnelt in seiner Funktion einem Dynamo. Große Namen sind mit der schwierigen Anwendung der Dynamo-Theorie auf den Ursprung des magnetischen Feldes im Erdkern verbunden: Von den Pionieren wollen wir hier WALTER ELSASSER und TEDDY BULLARD nennen.

Diese Bewegungen im flüssigen Teil des Kernes finden an der Erdoberfläche ihren Ausdruck in der Säkularvariation des Magnetischen Feldes. Und mit Hilfe der seit knapp 300 Jahren in den Observatorien gesammelten Daten läßt sich deren Geschwindigkeit bestimmen: Sie beträgt einige Kilometer oder Zehner von Kilometern pro Jahr. Das mag wenig erscheinen, aber diese Bewegungen sind in Wirklichkeit 100.000 mal schneller als diejenigen, die die Lithosphären-Platten antreiben. Diese Strömungen können nach

---

[12] Kiama heißt ein Dorf in Australien, wo – bereits 1925 – der Physiker CHEVALIER (als Vorgänger) festgestellt hatte, daß sehr alte Gesteine invers zur aktuellen Richtung magnetisiert sind – und das mehr als 30 Jahre, bevor die Tatsache der Inversion allgemein anerkannt wurde.

[13] Oder wenigstens von dem Zeitpunkt an, als der Kern gebildet wurde, nur 50 Mio. Jahre nach der Entstehung der Erde vor etwa 4,5 Milliarden Jahren.

dem Faradayschen Gesetz bei Anwesenheit eines initialen Magnetfeldes ein elektrisches Feld induzieren. Dieses Feld erzeugt in der leitenden Flüssigkeit elektrische Ströme, die ihrerseits ein magnetisches Feld erzeugen. Dieses neue Feld ergänzt das bereits ursprünglich vorhandene und kann es verstärken. Wenn die Bewegung hinreichend stark ist oder die Geometrie der Konvektion (entsprechend) wirksam, kann das ursprüngliche Feld überflüssig werden. Das Magnetfeld erzeugt dann ständig die elektrischen Ströme, die es aufrechterhalten: Man spricht von einem selbstaufladenden[14] Dynamo. Ein einfaches Beispiel (Abb. 20a) stellt eine leitende Scheibe dar, die sich in einem konstanten und zu ihrer Achse parallelen Magnetfeld dreht. Die Drehung erzeugt in der Scheibe ein elektrisches Feld. Wenn man den äußeren Rand mittels eines Drahtes mit der Rotationsachse verbindet, fließt darin ein elektrischer Strom. Gibt man dem Draht die Form einer zur Scheibe parallelen Schleife und läßt die Anlage hinreichend schnell rotieren, dann wird das ursprüngliche Magnetfeld überflüssig.

Dieser Dynamo widerspricht nicht den Gesetzen der Thermodynamik; es handelt sich nicht um ein Perpetuum mobile. Im Falle der Dynamo-Scheibe erhält das System seine Energie durch die Rotation. Die Durchmischungsbewegungen im Kern haben ihrerseits mehrere mögliche Energiequellen: die seit der Bildung des Kerns eingeschlossene Wärme, die von den in ihm enthaltenen radioaktiven Elementen freigesetzte Wärme, die durch Auskristallisation des Eisens an der Oberfläche des Inneren Erdkerns freigesetzte beträchtliche Wärme[15] und schließlich leichtere und instabilere Elemente, die bei dieser Kristallisation in die Flüssigkeit freigesetzt werden. Dieser Innere Erdkern wächst sehr langsam auf Kosten der „Flüssigkeit". Wenn er nach weiteren Milliarden Jahren der Abkühlung den gesamten Raum des Kerns eingenommen haben wird, wird keine Bewegung mehr möglich sein, und das magnetische Feld wird erlöschen. Deshalb hat der Mond, dessen Kern klein und fest ist, kein eigenes Magnetfeld mehr. Das Studium des irdischen Dynamos ist ein weites und komplexes Feld der mathematischen Geophysik, und noch steht man, trotz der Anstrengungen von 5 Jahrzehnten, nur am Anfang des Weges.

Das in dem kleinen Modell einer selbstaufladenden Dynamoscheibe erzeugte magnetische Feld dreht sich niemals um, es ist aber trotzdem möglich, ein System zu konstruieren, das spontane Umkehrungen hervorbringt: Man verbindet zwei Scheibendynamos miteinander (Abb. 20b). Der Japaner RIKITAKE ist 1958 auf die Idee gekommen, das magnetische Feld, das eine der Scheiben umgibt, durch die Spirale, die den Strom leitet, auf die andere induzieren zu lassen. Mehrere Systeme sind auf diese Weise konstruiert worden, die zufallsbedingte Inversionen erzeugen. Deren Häufigkeit erinnert an die auf der Erde beobachteten. Sie sind seither klassische Beispiele der Theorie des deterministischen Chaos geworden. Aber dieser Dynamo, in dem die Topologie komplex, die Bewegung aber einfach ist, hat keine große Beziehung zum Erdkern, dessen Topologie einfach ist, wo aber die Bewegungen sehr komplex sein können.

---

[14] oder selbsterhaltenden

[15] Vgl. Fußnote 10 dieses Kapitels.

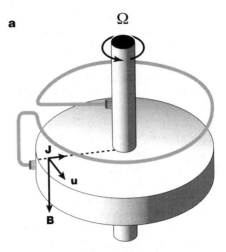

J: Stromkreis
u: Drehgeschwindigkeit
B: magnetische Induktion

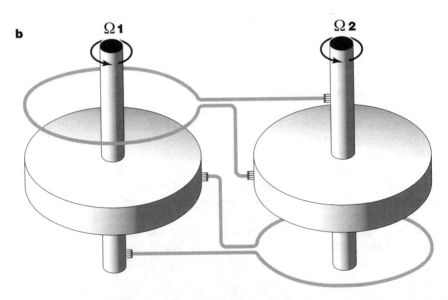

Abb. 20 a,b Dynamo-Modelle: Der homopolare Scheibendynamo (oben) und die beiden miteinander verbundenen Dynamo-Scheiben nach dem RIKITAKE-Modell (unten). Die letzteren erlauben die Beobachtung von Inversionen des Stromes, die an die Inversionen des irdischen Magnetfeldes erinnern.

Das Niveau D"

Neuerdings beginnt man, mathematische Modelle von Dynamos aufzustellen, die sich umpolen; wir sind gleichwohl noch weit davon entfernt[16], in ausreichendem Maße zu verstehen, was sich während einer Inversion abspielt, und erst recht, die langfristigen Schwankungen der Häufigkeit dieser Inversionen zu begreifen. Es steht indessen fest, daß die vom Kern an der Grenze zum Mantel abgegebene Wärme die wesentliche Energie-Quelle für den Dynamo ist. Nun aber gibt es an der Basis des Mantels eine deutliche Grenzschicht, die durch die Seismologie seit langem bekannt ist und D"[17] genannt wird. Sie hat ganz besondere Eigenschaften. Dieses Niveau D" ist augenscheinlich weniger dicht und weniger viskos als der darüberliegende Teil des Mantels; es ist außerordentlich heterogen und hat eine Mächtigkeit in der Größenordnung von 100 km. Wenn man die Schmelztemperatur des Eisens an der Oberfläche des Inneren Kerns kennt und ihre Verteilung[18] im konvektiven flüssigen Kern, kann man die Temperatur an der Basis des Niveaus D" von unten her eingrenzen. Die Temperatur an der Obergrenze wird von oben über die Temperatur an der Oberfläche und die gleichermaßen adiabatische Verteilung in dem konvektiven Teil[19] des Mantels eingegrenzt. Obwohl es weiterhin zahlreiche Unsicherheiten gibt, insbesondere hinsichtlich der thermischen Natur der Übergangszone, kann man abschätzen, daß der Temperatur-Sprung über das Niveau D", der in der Größenordnung von 1000 °C liegt, im Laufe der Zeit merklich konstant bleibt.

Der Wärmefluß, der aus dem Kern stammt und vermittels Wärmeleitung durch das Niveau D" hindurchgeht, ist direkt proportional zu diesem Temperatursprung und indirekt proportional zur Mächtigkeit des Niveaus D". Die vom Kern ausgesandte Wärme führt zunächst zu einer Zunahme der Mächtigkeit des Niveaus D". Sobald dieses weniger dicht und weniger zähflüssig als der überlagernde Bereich wird, wird es instabil und setzt jenseits einer gewissen kritischen Mächtigkeit Manteldiapire in Bewegung. Dann verringert sich seine Mächtigkeit wieder. Auf diese Weise kann das System zwischen Zeiten der Ruhe und solchen der Instabilität und der Aussendung von Manteldiapiren pendeln. Die auf diese Weise hervorgerufenen Schwankungen der Mächtigkeit des Niveaus D" würden Änderungen des Wärmeflusses aus dem Kern nach sich ziehen und folglich auch die Ausbildung von Instabilitäten, die Inversionen des Magnetfeldes im Kern auslösen.

Wir wollen sofort anfügen, daß einige Autoren analoge Modelle konstruiert haben, bei denen das Vorzeichen der Korrelation genau entgegengesetzt ist: Die Häufigkeit der Inversionen wächst dabei, wenn die Mächtigkeit des Niveaus D" zunimmt. Ohne in die Einzelheiten gehen zu wollen, zeigt das alles, daß wir weit davon entfernt sind, das Pro-

---

[16] Ich glaube tatsächlich, daß wir vielleicht auf dem Weg zu größeren Erfolgen sind, und zwar durch bestimmte Arbeiten, die gegenwärtig von JEAN-LOUIS LE MOUËL, DOMINIQUE JAULT und GAUTHIER HULOT, JEAN-PIERRE VALET, LAURE MEYNADIER und XAVIER QUIDELLEUR in unserer Arbeitsgruppe und von PHILIPPE CARDIN und HENRI-CLAUDE NATAF an der École Normale Supérieure de Paris durchgeführt werden.

[17] Mit den vorausgehenden Buchstaben des Alphabets sind höher gelegene „Niveaus" benannt worden. Diese Nomenklatur ist heute allerdings aufgegeben worden, und einzig die Bezeichnung Niveau D" ist übriggeblieben. (In der angelsächsischen Literatur sagt man *layer*, das in wörtlicher Übersetzung *Schicht* bedeutet. Dieses Wort hat in der Geologie, mit völlig anderen Dimensionen, einen festen Platz.)

[18] In dem Fall der Konvektion im Kern ist die Geschwindigkeit hinreichend groß, um zu verhindern, daß ein kleines Fluid-Element genügend Zeit hat, um mit seiner Umgebung ins Gleichgewicht zu kommen. Das bestimmt ein Temperatur-Gradient, den man als adiabatisch bezeichnet. So nennt man eine thermodynamische Umwandlung ohne Wärme-Austausch. In den Teilen des Kerns und des Mantels, die von Konvektionsbewegungen betroffen sind, beträgt der adiabatische Gradient einige Zehntel-Grad/Kilometer.

[19] Siehe POIRIER, JEAN-PAUL (1991): Les Profondeurs de la Terre. – Paris (Masson).

blem befriedigend gelöst zu haben. Es gibt dabei einen möglicherweise erfolgverspre-
chenden Forschungsansatz: Man kann daran denken, die so tief angesiedelten Phänomene wie die Umkehrungen des Magnetfeldes mit den so oberflächennahen wie den von
Flutbasalt-Ergüssen erzeugten Klima-Änderungen miteinander in Beziehung zu setzen.
Die natürliche Verbindung zwischen den beiden würde in der Existenz und der Funkti-
onsweise der tiefen Manteldiapire bestehen.

Gibt es Beziehungen zwischen Kern und Biosphäre?

LOPER nimmt an, daß die alle 15 Mio. Jahre auftretenden Schwankungen der Häufigkeit
von Inversionen somit auf Instabilitäts-Zyklen des Niveaus D" hinweisen und auf die
dadurch hervorgerufene Aussendung von Manteldiapiren. Bedeutsamer, wenngleich
durch nur zwei Beispiele belegt, scheint mir die Korrelation zwischen den zwei langen,
ungewöhnlich stabilen Perioden ohne Feld-Inversion und den zwei größten Faunen-
Umbrüchen der letzten 300 Mio. Jahre zu sein, die das Ende zweier Ären, des Paläozoikums und des Mesozoikums, markieren. In diesen beiden Fällen sollte das Niveau D"
eine ausgesprochen anomale Mächtigkeit angenommen haben. Daraus hätten sich
schließlich riesige Diapire[20] lösen können. Unmittelbar darauf hätten die Inversionen des
Magnetfeldes wieder begonnen, während die „heißen Kissen" mit Geschwindigkeiten
von einigen Dezimetern pro Jahr aufstiegen und die Übergangszone durchquerten oder
dort Diapire der „zweiten Generation" auslösten. Nach ihrer Ankunft im Oberen Mantel
wären die Diapire schließlich auf die Unterseiten der jeweiligen Platten getroffen: der
Sibirischen Platte vor 250 Mio. bzw. der Indischen vor 65. Mio. Jahren. Im Verlaufe
einiger Millionen Jahre hätten sie die Lithosphäre aufgewölbt und verdünnt und schließlich die Eruptionen der Flutbasalte ausgelöst – etwa 15 Mio. Jahre nach Beginn ihres
Aufstieges.

Dieses Modell ist zugegebenermaßen spekulativ. Es erklärt nicht, warum die Häufig-
keits-Schwankungen der Inversionen im Falle der anderen Trapp-Vorkommen viel kleiner sind. Dabei scheint deren Volumen doch – außer im Falle des Columbia-Plateaus –
nicht viel kleiner zu sein. ROGER LARSON hat sogar eine entgegengesetzte Korrelation
vorgeschlagen. Als Meeresphysiker und Spezialist für die Untersuchung von Ozeanböden ordnet LARSON den Manteldiapiren die Ausbildung außerordentlich großer Plateaus
aus anomaler ozeanischer Kruste zu, die einen beträchtlichen Teil des Pazifiks einnehmen. Deren größtes ist das von ihm auf 50 Mio. km^3 geschätzte Plateau von Ontong-
Java im westlichen Pazifik (siehe Abb. 17). Aus einer Zusammenstellung der Alter und
Volumina von etwa 25 submarinen Plateaus leitet LARSON ab, daß die durch sie belegte
vulkanische Produktivität vor etwa 120 Mio. Jahren drastisch zugenommen hatte, d.h.
zum Zeitpunkt der Effusionen des Ontong-Java-Plateaus. Für ihn zeigt dieses Ereignis
an, daß ein Super-Manteldiapir die Erdoberfläche erreicht hatte. Und das führte fast
augenblicklich zum Stillstand bei den Inversionen. Dieser Autor nimmt für den Manteldiapir eine Aufstiegsgeschwindigkeit von mehreren Metern pro Jahr an. Die drastische
Mächtigkeitsabnahme des Niveaus D" (die auf die Loslösung der Diapire folgte) und die
daraus resultierende Zunahme des Wärmeflusses sollten damit den Prozeß der Inversionen eher behindern als fördern. Die sehr schnelle Aufstiegsgeschwindigkeit ist um so
erstaunlicher, als Labor-Untersuchungen zeigen, daß ein neuer Manteldiapir in Wirk-

---

[20] Vgl. Abb. 16.

lichkeit ziemlich lange braucht, um sich einen Weg durch den Mantel zu bahnen, wenn dieser nicht schon aufgeheizt ist.

Nach der Hypothese von LARSON hätte es nur ein Ereignis dieser Art seit dem Paläozoikum gegeben (seit mindestens 300 Mio. Jahren). Das hätte übrigens gar nichts mit den Massensterben zu tun: Schließlich haben wir gesehen, daß es zum Zeitpunkt der submarinen Eruption von Ontong-Java kein Ereignis von besonderer Bedeutung gab. Einige Autoren wie MARK RICHARDS haben darauf hingewiesen, daß die Volumina ozeanischer Plateaus dazu verführen, ihre Bedeutung im Vergleich zu kontinentalen Flutbasalten zu überschätzen. Erinnern wir uns, daß bei jenen drei Viertel des Magmas zweifellos an der Basis der Lithosphäre erstarren und somit nicht in die Bilanzen eingehen. Andere Autoren, wie ANNY CAZENAVE aus Toulouse, glauben, daß der Vulkanismus von Ontong-Java nichts mit dem für die Trapp-Basalte verantwortlichen Prozeß des Manteldiapirismus zu tun hat. Wie dem auch immer sei, der Leser wird begreifen, daß wir noch weit davon entfernt sind, einen verlockenden Vorschlag zu einem quantitativen Modell zu unterbreiten.

Nemesis oder Shiva?

STEPHEN GOULD hat darauf hingewiesen, daß der von MULLER für den todbringenden Stern vorgeschlagene Name Nemesis zweifellos nicht angemessen ist. Nemesis ist nämlich die Göttin der berechnenden Vergeltung. Was aber gibt es Unerwarteteres, Unverdienteres, zufälliger Auftretendes als diese Katastrophe, die das Mesozoikum beendet, und die dennoch diesen erstaunlichen Neubeginn des Lebens erlaubt, der zu Beginn des Tertiärs zu einer wahrhaft „experimentellen Ausschweifung" der Evolution führt? GOULD empfand es als gerechtfertigter, ihm den Namen Shiva zu verleihen, einer gleichermaßen mit Zerstörung, aber auch Wiedergeburt verbundenen Hindu-Gottheit. Ganz im Banne dieses Bildes habe ich vor einigen Jahren JEANINE SCHOTSMANS, Konservatorin am Museum in Brüssel, gebeten, mir eines ihrer großartigen Fotos eines Shiva zu leihen, wie er in die Wände des Tempels von Ajanta in Indien gemeißelt ist, in eben jene Lava, die ich als für das Dinosaurier-Sterben verantwortlich erachte. Der Redaktion der Zeitschrift Nature habe ich dann vorgeschlagen, diese Photographie als Titelbild des Heftes zu nehmen, in dem unsere ersten Trapp-Datierungen mit der Argon-Methode[21] veröffentlicht wurden. Die Bildunterschrift dazu war als Augenzwinkern für STEPHEN GOULD gedacht. Diese aber hat die Redaktion der Zeitschrift unglücklicherweise zu setzen vergessen. Deshalb hat sich zweifellos so mancher Nature-Leser damals gefragt, was diese Gottheit auf dem Titelblatt seiner Zeitschrift zu suchen hatte.

Mit der im vorausgehenden Kapitel aufgestellten Korrelation ist das Jagdgemälde der „Vulkanisten" gut ausgestattet: Sieben Trapp-Vorkommen fallen mit sieben Zeiträumen eines Massensterbens zusammen. Auch die beiden Grenzen der großen geologischen Ären, diese seit dem 17. Jahrhundert in der Natur beobachteten Einschnitte erster Ordnung, sind darunter. Muß die fruchtbare Impakt-Hypothese also fortan Hunderte von mehr oder weniger phantastischen Hypothesen wieder zusammenführen, die seit 100 Jahren, eine nach der anderen, aufgegeben werden mußten? Das wäre zu voreilig...

---

[21] Im selben Heft veröffentlichten DUNCAN & PYLE entsprechende Ergebnisse, die die kurze Dauer der Eruptionen und ihre Gleichzeitigkeit mit der K/T-Grenze bestätigen.

Kapitel 8   Chicxulub

Die Mehrzahl der Krater, die als Einschlagspunkt des Meteoriten hätten in Frage kommen können, wie beispielsweise jener von Manson, hatte sich als viel zu klein erwiesen. Oder sie hatten kein passendes Alter. Gewiß, die Hälfte der damaligen Meeresböden war inzwischen in Subduktionszonen verschwunden. Und mit ihnen hätte sehr wohl auch der Krater verschluckt worden sein können. Aber die geschockten Quarze, die in zahlreichen Profilen über die K/T-Grenze entdeckt worden waren, ließen eher an einen Impakt auf kontinentaler Kruste[1] denken. Die „Impaktisten" gaben die Hoffnung nicht auf, endlich doch das Beweisstück zu finden, das, was die Engländer „smoking gun" genannt haben, die noch rauchende Pistole nach einem Verbrechen... Sie suchten somit den Krater, die Spur des Riesen-Impaktes, der die Gültigkeit ihrer Theorie beweisen würde.

Die Jagd auf den Krater

Die Häufigkeit und die Korngröße der geschockten Quarze deuteten darauf hin, daß der Krater unweit Nordamerikas, vielleicht im Meer[2], zu suchen sei. Nach den Berechnungen von TOM AHRENS hätte der Impakt eines Asteroiden von 10 km Durchmesser mitten im Ozean eine gigantische Flutwelle ausgelöst: Zunächst 5000 m (!) hoch, hätte die Welle anschließend mit zunehmender Entfernung vom Einschlagsort an Höhe verloren. Sie hätte Gesteine selbst vom Meeresboden losgerissen und die Schelfbereiche und die küstennahen Zonen verwüstet und erodiert. Einzelne sedimentäre Schichtfolgen, die untermeerisch in der Karibik erbohrt worden waren, wurden als Ablagerungen gedeutet, die auf diesen gewaltigen Tsunami[3] zurückgingen. Auf Kuba wurde eine 5 bis 450 m mächtige Ablagerung, die an ihrer Sohle Blöcke von mehr als 1 m Durchmesser führt, als ein ungeheuer großer Turbidit[4] gedeutet: das Ergebnis einer außergewöhnlichen Erosion und anschließender schneller Ablagerung in unmittelbarer Nähe der Einschlagstelle.

Die Typlokalität der K/T-Grenze in Nordamerika zeigt eine Tonschicht von 2 cm Mächtigkeit direkt unter der „weltweit" beobachteten Schicht von einigen Millimetern Stärke. Sie wird von den Meteorit-Befürwortern als Aschen-Lage gedeutet, als Sediment aus den energieärmsten, durch den Impakt verstreuten Komponenten. In der darüberliegenden Schicht sind Iridium, geschockte Körner, Spinelle und Kügelchen angereichert. Außerdem findet man Ruß und Isotopen-Anomalien, die von der Verdampfung des

[1] Die kontinentale Kruste ist durch Gesteine von granitischer Zusammensetzung charakterisiert, die reich an Quarz sind. Die basaltische ozeanische Kruste enthält praktisch keinen Quarz.

[2] Die kontinentale Kruste erstreckt sich auch unter das Meer, wo sie flache Schelfe bildet. Die ozeanische Kruste entspricht im allgemeinen den tieferen Becken, den Tiefsee-Ebenen, den Rücken und den Tiefsee-Trögen (sie kann von mehr oder minder mächtigen Sedimenten bedeckt sein).

[3] Dieser aus dem Japanischen stammende Begriff bezeichnet von Erdbeben ausgelöste Flutwellen.

[4] Turbidite sind sedimentäre Ablagerungen i.a. in der Tiefsee, die durch schnelle Sedimentation eines weiten Korngrößenspektrums entstehen. Diese Sedimente gehen auf regelrechte submarine Schlammströme zurück, die bisweilen auch Blöcke von beachtlicher Größe enthalten. (Geologen sprechen von „Suspensionsströmen", engl. turbidity currents.) Sie werden von Erdbeben oder von Stürmen ausgelöst.

„Projektils" und eines Teils seiner „Zielscheibe" herrühren. Auf der Insel Haiti aber findet man nahe Beloc stattdessen eine 50 cm mächtige Schicht, die von einzelnen Forschern als vulkanischen Ursprungs gedeutet wurde, bis sie im Jahre 1990 von ALAN HILDEBRAND und WILLIAM BOYNTON dem Impaktereignis zugeschrieben wurde: Das ist die mächtigste aus Auswurfmassen bestehende Schicht, die man bis heute gefunden hat; sie ist allerdings stark verwittert.

Bei Nachuntersuchung zweier Bohrlokalitäten des internationalen DSDP-Programmes im südöstlichen Golf von Mexiko glaubten WALTER ALVAREZ und mehrere seiner Kollegen, die auf die Riesenwelle zurückgehende Sedimentfolge zu erkennen. Für sie war das Fehlen der fünf letzten Stufen der Kreide das Ergebnis katastrophaler Erosion durch die Riesenwelle. Ein mit Steinen durchsetzter Ton sollte von einer submarinen Rutschung herrühren. Ein mehr als 2 m mächtiger schräggeschichteter Sandstein, der geschockte Quarze, Tektite und Iridium enthielt, sollte den Auswurfmassen entsprechen, die von der Riesenwelle erodiert und wiederaufgearbeitet worden waren. Es ist wichtig, den vorsichtigen und bedingten Stil dieses Aufsatzes von 1992 hervorzuheben, der sich von jenem der kategorischen Überzeugung, der einen Teil der wissenschaftlichen Produktion der Folgejahre beherrschen sollte, deutlich unterscheidet.

Im selben Jahr haben dieselben Autoren, dieses Mal mit JAN SMIT als Hauptautor, ein Profil im Nordosten von Mexiko bei Arroyo el Mimbral beschrieben. Dort steckt die K/T-Grenze in einer 7 m mächtigen Schichtenfolge: Die beginnt (im Liegenden) mit einer Schicht mit Kügelchen, die noch als umgelagerte Auswurfmassen angesehen wurden. Darüber folgen massive, linsenförmige oder geschichtete Sandsteine mit nach oben abnehmender Korngröße. Diese wurden als Sedimente gedeutet, die die große Welle hinterlassen hat. Zum Hangenden folgen Sandsteinbänke in Wechsellagerung mit Tonschichten. Hierin sahen die Autoren zyklische marine Ablagerungen von stehenden Wellen, die man Seiches[5] nennt.

Die Entdeckung von Chicxulub

Kuba, Haiti, Mexiko, Golf von Mexiko... Die Schlinge wurde allmählich zugezogen. Im Jahre 1990 glaubten HILDEBRAND und BOYNTON endlich den Schuldigen in Form einer runden Struktur von fast 300 km Durchmesser gefunden zu haben, die im Ozean vor Kolumbien unter Sedimenten von 3 km Mächtigkeit begraben lag. Kurze Zeit später indessen änderten sie den Verdacht. Man hatte sich gerade wieder an eine Zusammenfassung eines schon 10 Jahre zurückliegenden Tagungsbeitrages erinnert, in dem zwei Erdölgeologen, GLEN PENFIELD und ANTONIO CAMARGO, eine unterirdische Struktur am NW-Rand von Yucatán beschrieben hatten. Die war an der Oberfläche unsichtbar und indirekt aus gravimetrischen und geomagnetischen Anomalien abgeleitet worden. Die hauptsächlich durch die Gravimetrie enthüllte Kreisstruktur (Abb. 21) hatte einen Durchmesser von fast 200 km, und ihre Form erinnerte an andere kreisförmige Anomalien, wie z.B. jene, die man in Kanada oberhalb des Impaktkraters von Manicouagan beobachtet. PENFIELD und CAMARGO hatten sofort daran gedacht, diese Beobachtung mit der ganz jungen Theorie von ALVAREZ in Beziehung zu bringen. Aber ihr 1981 gemachter Vorschlag war unbeachtet geblieben, und er sollte fast ein Jahrzehnt in einer Sammlung von Zusammenfassungen schlafen: Er war nämlich anläßlich eines Kongres-

---

[5] Es handelt sich um gedämpfte Wellen, wie man sie erhält, wenn man ein volles Becken plötzlich anregt und das Wasser dann ins Gleichgewicht zurückkehren läßt.

ses der Gesellschaft der Explorationsgeophysiker formuliert worden, deren wesentliches Problem nun wahrlich nicht das Ende der Dinosaurier war. Eine Entdeckung muß, soll sie voll und ganz anerkannt werden, im richtigen Augenblick und vor dem zuständigen Auditorium vorgestellt werden.

In der Umgebung der Struktur waren zu Beginn der 60er Jahre Erdölexplorationsbohrungen niedergebracht worden. Die nahe dem Zentrum und unweit der Ortschaft Chicxulub – deren Name fortan mit dieser Struktur verbunden ist – abgeteuften Bohrungen hatten eine Schichtenfolge angetroffen, die zunächst als geologisch „normal" gedeutet worden war: Kalke, andesitische Lavaströme[6] und vulkanische Aschen. Bei einer neuen Untersuchung aber wurden dort geschockte Quarzkörner nachgewiesen. Sollte die Gesamtheit dieser Bohrungen ganz einfach ein geologisches Profil durch eine Kraterfüllung darstellen – durch Breccien, die nach dem Impakt in die Eintiefung zurückgefallen waren, und durch Gesteine, die durch die freigesetzte Hitze aufgeschmolzen worden waren[7]?

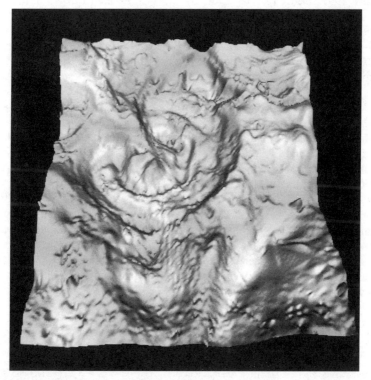

Abb. 21 Der Chicxulub-Krater im nördlichen Yucatán, so wie er sich in einem Bild der Schwere-Verteilung zeigt, in perspektivischer Darstellung: Man erkennt in der Dichte-Anomalie deutlich die unterirdische Kreis-Struktur (das Bild hat eine Breite von ungefähr 300 km) (Foto: V. SHARPTON; alle Rechte vorbehalten.)

---

[6] Bezeichnende Gesteine für die Vulkane des Zirkumpazifischen Feuergürtels und insbesondere der Anden, die namensgebend waren.

[7] auf Englisch „melt sheet".

Das Alter des Kraters

Die Aufmerksamkeit richtete sich bald auf die benachbarten Profile über die K/T-Grenze, die sich während des Ereignisses in unmittelbarer „Front"-Nähe befunden haben mußten, und die davon sehr wohl Zeugnis ablegen sollten. Enthielten beispielsweise die Kügelchen des nahegelegenen Profils von Beloc auf Haiti gut erhaltene glasige Substanz? Schnell wurden sie als Schmelztröpfchen interpretiert, die auf den gerade entdeckten Impakt von Chicxulub zurückgingen. Gleichzeitig wurden sie von PIERRE-YVES GILLOT (Universität Orsay) sowie von GLEN IZETT und BRENT DALRYMPLE mit Hilfe einer modifizierten Argon-Isotopen-Methode datiert: Die gemessenen Alter – 64 Mio. Jahre durch den erstgenannten und 64,5 Mio. Jahre durch die beiden anderen – hatten bemerkenswert enge Fehlergrenzen (± 0,7 bzw. ± 0,1 Mio. Jahre). Diese Alter waren sowohl untereinander als auch mit den für die K/T-Grenze akzeptierten absoluten Altern kompatibel (64,3 ± 0,3 Mio. Jahre nach Resultaten von BAADSGAARD in Montana[8]). Im übrigen besteht kein Zweifel an ihrer stratigraphischen Nähe zu dieser Grenze, zu deren Alters-Festlegung sie fortan beitragen.

Im August 1992 veröffentlichten CARL SWISHER und seine Kollegen in der Zeitschrift *Science* ihre Altersbestimmungen an drei winzigen Splittern andesitischen Glases. Diese wogen jeweils 2/10 Milligramm und waren aus Bohrkernen der Bohrung „Chicxulub 1" aus 1390 m Teufe gewonnen worden. Die Ergebnisse waren außerordentlich präzise: 64,98 ± 0,05 Mio. Jahren. Im Rahmen derselben Untersuchung fand SWISHER für die Tektite von Haiti ein Alter von 65,01 ± 0,08 Mio. Jahren. Diese Ergebnisse, fast zu schön, um als solche akzeptiert zu werden[9], zeigen indessen den Fortschritt der Argon-Isotopen-Methode in ihrer Anwendung auf winzige, durch Laser-Behandlung aufgeheizte Körner.

Wenn der Asteroid somit den Norden Yucatans getroffen hat, hat sich der Impakt auf kontinentaler Kruste und in flachen Gewässern ereignet. Er kann keinen derart gigantischen Tsunami ausgelöst haben, wie ihn AHRENS in Betracht zog (die Wassertiefe wäre dazu nicht ausreichend gewesen). Andererseits hätte die freigesetzte Energie, die einem Erdbeben der Magnitude >10 (und für andere Autoren sogar >12)[10] entsprochen haben dürfte, sehr wohl in einem weiten Umkreis große Erdrutsche auslösen können, die die Beobachtungen in den Profilen von Mimbral und von Beloc erklären würden. SIGURDSSON nimmt in einer Reihe von Aufsätzen an, daß der Asteroid bemerkenswerte Mengen an CO_2 und SO_2 freigesetzt hat, weil die Gesteine der „Zielscheibe" auf Yucatán Karbonate (Kalksteine) und Sulfate (Gips und Anhydrit) enthalten, die durch den Aufschlag dissoziiert worden sein könnten.

---

[8] Dieses Ergebnis ist an Profilen in den Vereinigten Staaten und in Kanada mit Hilfe dreier verschiedener Methoden erzielt worden. Die Meß-Unsicherheit darf nur relativ gesehen werden. Wenn man diese Ergebnisse mit denen an anderen Proben und aus anderen Laboratorien vergleichen will, muß man daran denken, daß die Neutronenflüsse, die zur Bestrahlung der Proben dienen, mit einer Genauigkeit von bestenfalls 1% bekannt sind, und daß die für die Standardproben benutzten Alter nicht in allen Labors exakt dieselben sind. Deshalb ist das absolute Alter der K/T-Grenze nur auf 1 Mio. Jahre genau bekannt. Wir haben es in diesem Buch durchgängig (oder nahezu...) auf 65 Mio. Jahre gerundet.

[9] Vgl. die vorherige Fußnote.

[10] Die Magnitude eines Erdbebens ist mit seiner Gesamtenergie korreliert. Sie wird nicht einheitlich gemessen, vielmehr definiert man mehrere Magnituden für ein und dasselbe Erdbeben. Die üblicherweise verwendete Skala, die nach RICHTER benannt wurde, ist logarithmisch. Die größten historischen Erdbeben erreichen selten eine Magnitude (Stärke) 9. Ein Erdbeben der Stärke 10 ist etwa 50mal so energiereich wie eines der Magnitude 9. Ein Erdbeben der Stärke 12 (falls dieses jemals vorgekommen ist) hätte eine 6 Millionen mal so große Energie wie das große Erdbeben von San Francisco am Anfang dieses Jahrhunderts!

Ich möchte aufs neue an die schöne Untersuchung von TOM KROGH[11] erinnern. Denken wir daran, daß dieser die U/Pb-Isotopen-Methode auf winzige Zirkon-Körner anwendet, die aus verschiedenen nordamerikanischen Profilen über die K/T-Grenze stammen. KROGH entdeckte, daß in diesen Proben zwei Alter gespeichert sind: das Alter der alten Kruste, von der sie stammen – in der Größenordnung von 400 bis 500 Mio. Jahren – und das Alter des Ereignisses an der K/T-Grenze, das sie gestört hat. Das höhere Alter entspricht dem des Grundgebirges in der Nähe von Chicxulub und nicht jenem des Grundgebirges in der Nähe der Profile, wo die Proben genommen worden sind. Die Kruste von Chicxulub könnte also gut die Quelle dieser von der Impaktstelle weit fort transportierten Partikel sein.

Der größte Impakt des Sonnensystems?

Die Geschichte scheint somit klar zu sein. Die Vorsicht macht der Sicherheit Platz: Um sich zu überzeugen, genügt es, die letzten Aufsätze von VIRGIL SHARPTON zu lesen. Für diesen Autor stellt das andesitische Glas sehr wohl die bei dem Impakt entstandene Aufschmelzungs-Schicht dar; das Iridium ist vorhanden; das Alter paßt; die Größe des Kraters reicht aus, um nicht unbedingt nach vielen weiteren Impakten oder nach Kometenschauern suchen zu müssen. Sogar die inverse magnetische Anomalie stimmt. Kein Zweifel: Man hat die Einschlagstelle des Asteroiden von Vater und Sohn ALVAREZ gefunden.

Die Zeit ist gekommen, um sich den Krater von Chicxulub genauer anzusehen: Eine neue Analyse der gravimetrischen Daten deckt ein Impaktbecken mit mehreren – insgesamt vier – konzentrischen Ringstrukturen mit einem äußeren Durchmesser von 300 km auf. Chicxulub wird mit Impaktkratern auf anderen Planeten verglichen, die mehrere Ringe aufweisen: Im September 1993 leitet SHARPTON ab, daß es sich um eine der größten Impaktstrukturen handelt, die in dem Teil des Sonnensystems, der innerhalb des Asteroiden-Gürtels[12] liegt, seit dem Ende der großen Bombardement-Periode jemals entstanden ist. Und die endete vor fast 4 Milliarden Jahren.

Bestimmt ist auch der Tenor eines Aufsatzes, den ROBERT ROCCHIA im Dezember 1993 in der Zeitschrift *La Recherche* veröffentlichte. Hier mögen einige Zwischentitel[13] und ein Satz aus der Zusammenfassung genügen: „Lediglich der Impakt eines extraterrestrischen Körpers kann die lamellaren Fehler der Impakt-Quarze erzeugen"; „die hinsichtlich der Minerale erzielten Ergebnisse markieren das Ende einer Kontroverse"; „die neuen, von den Laboratorien in Gif und in Lille an den Mineralen gewonnenen Ergebnisse... untermauern ohne Zweifel das extraterrestrische Szenarium".

Wie sehen also diese Ergebnisse aus? Wir sind in einem früheren Kapitel darauf eingegangen[14]. Durch Anwendung der hochauflösenden Transmissionselektronenmikroskopie konnten JEAN-CLAUDE DOUKHAN und seine Arbeitsgruppe zu Beginn der 80er Jahre derart spezielle Fehlstellen in geschockten Quarzen, die in groben Zügen zunächst mit dem Lichtmikroskop beobachtet worden waren, genau beschreiben, identifizieren

---

[11] Bereits in Kap. 2 ist darauf hingewiesen worden.

[12] d.h. von Merkur bis Mars

[13] Man darf aber niemals vergessen, daß die Zwischenüberschriften in einem Zeitschriftenaufsatz von der Redaktion formuliert werden, bisweilen zum großen Ärger der Autoren...

[14] Siehe Kapitel 2, insbesondere Abb. 8.

und interpretieren. Verzwillingte Kristalle und parallele Glas-Lamellen, deren Größen im Bereich von Zehntel-Mikrometern liegen, sind in Körnern der K/T-Grenze und in Proben gefunden worden, die von gesicherten Impakt-Lokalitäten stammen, keine einzige bis auf den heutigen Tag untersuchte Probe unzweifelhaft vulkanischen Ursprungs führt sie. Schließlich zeigen Laborversuche, daß diese so charakteristischen Mikrogefüge nicht von einem Druck erzeugt werden, der zwar Werte wie bei einem Impakt erreicht, aber statisch ist, also längere Zeit aufrechterhalten bleibt und nicht nur wie bei einem Schock kurzzeitig wirkt.

Eine weitere Beobachtung geht auf ROBERT ROCCHIA und seine Arbeitsgruppe zurück: Nickelhaltige Magnetite, die in einigen Kügelchen fast intakt erhalten sind, werden als verwitterte Reste von Tektiten gedeutet. Diese Magnetite gibt es ursprünglich nicht in Meteoriten. Sie bilden sich auf der Oberfläche von deren Fragmenten, wenn diese beim Eintritt in die Atmosphäre aufgeheizt werden und dabei schmelzen. Für ROBERT ROCCHIA und seine Kollegen kann der erhöhte Oxidationsgrad des Eisens in diesen Magnetiten und ihr großer Ni-Gehalt nur durch Oxidation meteoritischer, an Nickel reicher (1%) Substanz in der Atmosphäre erklärt werden. Schließlich sind diese Magnetite, wie wir gesehen haben, über eine viel geringere stratigraphische Mächtigkeit verteilt als das Iridium, das sich nach seiner Ablagerung in den Gesteinen verteilt haben kann. Die sehr unterschiedliche Zusammensetzung der Magnetite führt ROBERT ROCCHIA indessen dazu, das Vorhandensein einer einzigen Einschlagstelle in Frage zu stellen, vor allem, wenn sie bei Chicxulub liegen sollte. Tatsächlich findet er nämlich die stärkste Konzentration dessen, was er als Reste reiner Meteorsubstanz deutet, im Pazifik und nicht auf Yucatán.

Zweifel

Es entspricht dem von Forschern (oder denen, die es sein sollten) allgemein anerkannten Standeskodex, daß ein Ergebnis erst dann zitiert und diskutiert werden darf, wenn es grünes Licht von den Gutachtern bekommen hat und publiziert worden ist. Ich werde indessen auf einige ganz neue Ergebnisse eingehen, die ich aus Kongreß-Abstracts und aus noch nicht veröffentlichten Aufsätzen, aus der sog. „grauen Literatur" somit, zusammengesucht habe. Diese nähren den Zweifel. Folgen wir diesen Spuren.

Ein kubanischer Geologe nahm die Untersuchung des Niveaus der Auswurfmassen auf Kuba, des „Big Boulder Bed" (des Horizontes der großen Blöcke), wieder auf. Er zeigt, daß die Blöcke tatsächlich auf Verwitterung des basalen Teils eines sehr mächtigen Turbidits zurückgehen, der im übrigen aber normal, d.h. von irdischer Entstehung ist. Diese Beobachtung gemahnt an die Notwendigkeit einer sorgfältigen Geländearbeit an diesen Profilen, wobei Geländemethoden, Sedimentologie, Stratigraphie und Tektonik beachtet werden müssen. Die dabei genommenen Proben werden nämlich anschließend mit ultramodernen, hochauflösenden Verfahren von anderen Forschern untersucht, die oft nicht die geringste kritische Vorstellung von der Lokalität haben, aus der diese Proben ursprünglich stammen.

Durch eine erneute Untersuchung der ozeanischen Bohrkerne aus der Karibik und dem Golf von Mexiko konnte GERTA KELLER zeigen, daß diese vermeintlich auf einen Impakt-erzeugten Tsunami zurückgehenden Ablagerungen in Wirklichkeit viel älter als die K/T-Grenze sind: Sie verkörpern zweifelsohne submarine Ströme und klassische irdische Turbidite. Mehr noch: In 16 Profilen dieses Raumes ist die K/T-Grenze gar nicht dokumentiert; es fehlen einige 100.000 Jahre im Liegenden und Hangenden. Diese

Schichtlücke ist uns bei dieser Grenze (wie auch an der Perm/Trias-Grenze) bereits geläufig; denn sie ist weit verbreitet. Und deshalb wissen wir auch nicht, was sich zu diesem Zeitpunkt ereignet hat. Dann untersuchte GERTA KELLER zusammen mit weiteren Kollegen, darunter WOLFGANG STINNESBECK, aufs Neue die vollständigsten Profile dieses Gebietes und insbesondere jenes von Mimbral. Diese Forscher entdeckten, daß die berühmte einzelne Schicht, die in wenigen Augenblicken durch den Tsunami abgelagert wurde, in Wirklichkeit drei unterscheidbare, in Rinnen abgelagerte Einheiten umfaßt. Diese Sedimente gehören in die Oberkreide und damit unter die K/T-Grenze. Zahlreiche Beobachtungen deuten auf eine lange Ablagerungszeit hin und keineswegs auf eine augenblickliche Sedimentation: Vorkommen von Erosionsflächen; eine zum Zeitpunkt der Sedimentation der Hangendschicht bereits verfestigte Sandlage; eine scharfe Grenze zwischen den beiden unteren Einheiten, die darauf hinweist, daß die erste schon verfestigt war, als die zweite zur Ablagerung kam; Sedimentationsintervalle, die unterschiedlichen Ablagerungs-Milieus entsprechen; ein von Organismen durchwühlter Horizont nahe dem oberen Ende des Profils, der eine normale Sedimentation und die Anwesenheit grabender Organismen unmittelbar vor der Ablagerung der ältesten Tone des Tertiärs anzeigt.

Kommen wir nun zu dem Profil von Beloc. Mehrere Forscher haben es abgelehnt, hier Belege für einen Impakt zu sehen. So haben beispielsweise LYONS und OFFICER darauf bestanden, daß mehr als 95% der Ablagerungen aus Tonmineralen bestehen, die für verwitterte vulkanische Gläser charakteristisch sind. Die nicht verwitterten Glaspartikel haben niemals ihre ursprüngliche Oberfläche bewahrt; sie sind von andesitischer Zusammensetzung und enthalten Bläschen, die man in Tektiten im allgemeinen nicht findet. C. JÉHANNO und die Gruppe von ROBERT ROCCHIA betonen, daß es mehrere Schichten mit Kügelchen gibt, daß sie nach Korngrößen klassiert sind, daß der schwache Oxidationsgrad des Eisens und die Abwesenheit von Iridium darauf hinweisen, daß es sich in Wirklichkeit um mehrere vermischte und resedimentierte vulkanische Ablagerungen handelt. Andererseits ist für sie die darüber folgende deutlich abgesetzte Tonlage, die reich an Iridium und Spinellen ist, sehr wohl die Spur des Impaktes. Sie folgt konkordant über den vulkanischen Niveaus, die zu Unrecht mit dem Impakt in Zusammenhang gebracht worden waren. Diesen Beobachtungen kommt schon deshalb eine besondere Bedeutung zu, als sie von Anhängern der extraterrestrischen Hypothese stammen[15].

Man braucht eine neue Chicxulub-Bohrung

Die erstaunlichsten Bemerkungen kommen zweifellos von E. LOPEZ RAMOS und A. MEYERHOFF. Der erstere hat schon 1973 die im Inneren der Kreisstruktur angesetzte Bohrung Chicxulub 1 aufgenommen. Seine Profilaufnahme zeigt in etwa 1000 m Teufe Fossil-Gemeinschaften, die für die Oberkreide vom Campan bis zum Ende des Maastricht bezeichnend sind. Diese Fossilien stammen aus kompakten Mergeln; diese lagern horizontal; es gibt nicht den kleinsten Hinweis auf eine spätere Verstellung. MEYERHOFF war zum Zeitpunkt der Bohrarbeiten Berater der mexikanischen Erdölge-

---

[15] HUGUES LEROUX, ein Schüler von JEAN-CLAUDE DOUKHAN, der mit ROBERT ROCCHIA und ERIC ROBIN zusammenarbeitet, hat seinerseits gerade herausgefunden, daß aufgrund der Verteilung der geschockten Minerale die Schicht mit den Kügelchen und das Iridium-Niveau in Einklang gebracht werden können; diese sollten Beleg eines einmaligen Ereignisses sein...

sellschaft. Deshalb war er zwischen 1965 und 1977 zwangsläufig mit der biostratigraphischen Datierung der Bohrkerne befaßt. Wo aber sind heute diese Bohrkerne geblieben?

Eine Zeitlang glaubte man, daß die Mehrzahl der Proben bei einem Brand des Kernlagers, in dem sie aufbewahrt waren, zerstört worden seien. Indessen berichtet MEYERHOFF über seine Aufzeichnungen zur Bohrung Yucatán 6, 30 km vom Zentrum des „Kraters" entfernt. Diese 1966 abgeteufte Bohrung hat eine ungestörte Gesteinsfolge durchörtert – erst tertiäre Gesteine, dann 350 m Kreide und schließlich eine vulkanische Folge. Der vulkanische Teil enthält sechs übereinanderfolgende Lagen aus andesitischen Laven, die von Bentoniten überlagert werden. Das sind feine Aschenlagen, die eine Stillstandsphase des Vulkanismus und anschließende Verwitterung anzeigen. Die kretazischen Fossilien fanden sich im Hangenden und zwischen den Strömen der vulkanischen Abfolge. Wie wäre es dem Impakt möglich gewesen, Schichten intakt zu lassen, die in ziemlich geringer Tiefe anstanden und viel älter als er selbst waren? Er hätte die Erdkruste bis in mehr als 10 km Tiefe verdampfen, aufschmelzen und durcheinanderbringen müssen!

Im Februar 1994 habe ich gehört, daß die Kerne tatsächlich wiedergefunden worden seien: eine Hälfte an der Universität von Mexiko, eine Hälfte irgendwo in einer Universität im Süden der Vereinigten Staaten... Ihre Neuuntersuchung wäre im Gange. Bei den ersten Nachrichten sieht jeder darin die Bestätigung seiner ursprünglichen Gedanken, so unvereinbar sie auch immer erscheinen mögen. Die wissenschaftliche Gemeinschaft verständigt sich fortan darauf, daß eine neue Tiefbohrung – mit einer vollständigen und kontrollierten Kernstrecke – in der Struktur von Chicxulub abgeteuft werden müsse. Die mexikanischen Wissenschaftler haben ihrerseits gerade einige flache, und damit weniger teure, Bohrungen auf den Rändern des Kraters niedergebracht. Sollten die Beobachtungen von MEYERHOFF bestätigt werden, wäre die Struktur, sei sie nun vulkanisch oder auf einen Impakt zurückzuführen, tatsächlich älter als die K/T-Grenze. Und dann könnte sie keine Beziehung zu ihr haben. Die andesitischen Eruptionen in der Nähe der Grenze, die zu einem in diesem Gebiet und zu dieser Zeit bekannten, weit verbreiteten Vulkanismus gehören, könnten dann einen guten Teil der Beobachtungen in der Karibik erklären, einschließlich der Kügelchen.

Zwei Vortragskurzfassungen in Kongreßberichten vom Ende des Jahres 1993 bringen auch neue Elemente, die aber noch bestätigt werden müssen. HANSEN und TOFT glauben, in rhyolithischen Aschenlagen des Oberen Paläozän von Dänemark Körner von geschockten Quarzen mit den charakteristischen planaren Gitterfehlern entdeckt zu haben. NICOLA SWINBURNE und andere Forscher haben ihrerseits in Grönland Schichten von einigen Dezimetern Mächtigkeit angetroffen, die Kügelchen mit Einschlüssen von reduziertem Eisen und von Nickel- und Iridium-reichen Spinellen[16] führten. Diese ins Paläozän gestellten Schichten stehen mit vulkanischen Ergüssen und Tuffen Westgrönlands in Zusammenhang. Könnten diese beiden Indikatoren, Ni-führende Magnetite und geschockte Quarze, die als für Impakte bezeichnend angesehen werden, von irdischem Vulkanismus stammen? Es handelt sich hier um die Thule-Provinz, ein Analogon zum Dekkan-Trapp, die mit der Geburt des Hotspot von Island in Zusammenhang steht. Ihr Alter fällt mit der Paläozän/Eozän-Grenze zusammen. Bis heute hat niemand einen Impakt bemüht, um sie zu erklären. Wäre es also möglich, daß die ungeheuren explosiven

---

[16] Diese Ergebnisse sind nicht veröffentlicht worden; aber ROBERT ROCCHIA teilt mir mit, Zugang zu diesen Körnern gehabt zu haben. Seinem Urteil zufolge sind sie für Vulkanismus sehr typisch, aber ohne Beziehungen zu den kosmischen, von ihm an anderen Stellen untersuchten Spinellen.

Eruptionen, die zweifellos die Geburt eines Hotspot begleiten, in großen Mengen Iridium, geschockte Minerale, Spinelle, Elemente in der Zusammensetzung des Mantels an die Oberfläche der Erde befördern könnten, kurz, all das, was an Anomalien an der K/T-Grenze angetroffen wurde?

Streit in Mimbral

Die letzte große Gelegenheit zu einem Schlußstrich unter diese Debatten bot eine Konferenz, die im Februar 1994 vom Lunar and Planetary Institute in Houston organisiert worden war. Zwei andere große Kongresse, 1981 und 1988, im Schnee von Snowbird/Utah, hatten Gelegenheit zu leidenschaftlichem Schlagabtausch und erbitterte Debatten im Gefolge der ALVAREZ-Hypothese geboten. Die 1982 und 1990 publizierten Kongreßberichte füllen zwei Bände, die für jedweden unentbehrlich sind, der über die K/T-Grenze arbeitet. Diese Bände zeigen deutlich, wie die Impakt-Theorie, ungeachtet einer von CHUCK OFFICER und DEWEY MCLEAN angeführten kleinen Oppositionsgruppe, schnell eine weitgehende Dominanz erlangt hat, zumindest in den Vereinigten Staaten. Ende Februar 1994 sollten die Forscher aufs Neue zusammenströmen, allerdings nicht in Snowbird, denn die Kosten waren in diesem Wintersport-Ort unerschwinglich geworden, das Wetter zudem schlecht, sondern in der feuchten Ebene von Texas.

Vor der Konferenz hatten STINNESBECK, KELLER und deren Mitarbeiter eine Exkursion organisiert, auf der wir die berühmten Lokalitäten im Nordwesten Mexikos, in Mimbral und Umgebung, selbst in Augenschein nehmen konnten. Deshalb hatte sich eine ansehnliche Zahl von Wissenschaftlern von verschiedenen Universitäten und aus den unterschiedlichsten Disziplinen eingefunden, die aufmerksam den leidenschaftlichen Argumenten von Paläontologen, Stratigraphen und Sedimentologen aus den beiden Lagern zuhörten. Diese wurden auf der einen Seite von GERTA KELLER und auf der anderen von JAN SMIT angeführt. Für den letztgenannten waren die 7 m des merkwürdigen Gesteins vor unseren Augen in weniger als einer Woche abgelagert worden, während für die anderen Tausende von Jahren verflossen sein konnten. Diese Auseinandersetzung fand im Gelände ihre Zusammenfassung in der lapidaren Frage: „100.000 Sekunden oder 100.000 Jahre?" Mein Eindruck, der eines Nicht-Spezialisten, ist, daß keiner der Diskutanten inkompetent war, daß aber ganz einfach keine der beteiligten Disziplinen in der Lage war, mit den uns zugänglichen Daten zwischen den zwei Zeitdauern zu unterscheiden. Beide sind im Hinblick auf unsere Möglichkeiten der Zeitmessung gleichermaßen kurz und dennoch in ihren geodynamischen Konsequenzen so verschieden. Eine Methode wäre in der Lage gewesen, eine Antwort zu geben: die Paläomagnetik. Einige mexikanische Forscher erwähnten tatsächlich vorläufige Messungen, bei denen sie eine Inversion des magnetischen Feldes zwischen Basis und Top des Profils gefunden hätten. Nun kann eine Inversion aber nicht in weniger als einigen 1000 Jahren[17] erfolgen. Aufgrund dessen hätte man die Tsunami-Hypothese also eliminieren können. Ich habe insofern von diesem Besuch profitiert, als ich einige Proben nehmen konnte, die mein junger Kollege YANG ZHENYU in unserem Labor in Paris gemessen hat. Ausgezeichnet magnetisiert, belegen sie inverse Polarität und die für Nordamerika bezeichnende Orientierung des Magnetischen Feldes an der K/T-Grenze, aber eine Inversion war nicht zu entdecken. Und damit bleibt die Debatte offen.

---

[17] Das würde gleichwohl eines der schnellsten globalen geologischen Ereignisse endogenen Ursprunges bedeuten.

Die Tagung in Houston

Im Laufe der Tagung, die anschließend in Houston stattfand, sollte BOB GINSBURG die Ergebnisse einer Reihe von Blindproben vorstellen. Diese waren dazu bestimmt, mehrere Kontroversen zu schlichten, die im Laufe der vorausgegangenen Jahre aufgekommen waren. Eine davon bezog sich auf die Reichweite der Verteilung von Iridium und geschockten Quarzen in Gubbio (sehr eingeschränkt für ALVAREZ, weiter für OFFICER), die andere auf die Dauer der Aussterbeereignisse im Profil von El Kef (lang für KELLER, sehr kurz für SMIT). In beiden Fällen waren Mehrfach-Proben genommen und an verschiedene Laboratorien verteilt worden – ohne Angabe ihrer stratigraphischen Position. BOB GINSBURG sollte daraus eine Synthese machen. Unglücklicherweise – vor allem für ihn, aber auch für uns – sollte er bei der Rückkehr aus dem Gelände auf einer Treppe stürzen und sich daher nicht in der Lage sehen, seine Schlußfolgerungen darzulegen. Möge es davon nicht abhängen! GERTA KELLER und JAN SMIT verfügten über Daten und GINSBURG übergab seine Dokumente an seinen Kollegen AL FISCHER, der gebeten wurde, ihn stehenden Fußes zu vertreten. Und so haben wir eine geschriebene Darstellung[18] von GERTA KELLER lesen und einer mündlichen Stellungnahme von JAN SMIT beiwohnen können. Jeder von beiden kam zu dem Schluß, daß die Beobachtungen ihm ohne jeden Zweifel Recht gaben. Die Darlegungen von FISCHER waren nicht sehr klar – außer in einem Punkt: Die Anomalien in Gubbio entsprechen einem kurzen Zeitabschnitt. Die beiden Zeitschriften *Science* und *Nature* haben in ihren Berichten über diese Tagung nur den Gesichtspunkt von SMIT wiedergegeben, der – das muß man zugeben – sehr mehrheitlich vom Auditorium geteilt worden war. Man könnte das erstaunlich finden. In Wirklichkeit ist aber nichts Erstaunliches daran: Der Redakteur von *Science*, RICHARD KERR, war seit 1980 von der Richtigkeit der Impakt-Theorie überzeugt, und praktisch niemals hat er in seiner Zeitschrift die Argumente gebracht, die für die andere Seite sprachen. Und wie verhielt sich *Nature*, die keinen Korrespondenten dorthin entsandt hatte? Der von der Zeitschrift ausgesuchte Berichterstatter war ganz einfach... SMIT.

Bei dieser Tagung in Houston waren die Anhänger der Impakt-Theorie so zahlreich, daß die wesentlichen Dissonanzen unter ihnen selbst stattfanden. So griffen sich beispielsweise HILDEBRAND und SHARPTON wegen der Frage des Krater-Durchmessers von Chicxulub gegenseitig an (Abb. 21): ein wenig weniger als 200 km für den einen, fast 300 km für den anderen... Ich selbst habe von diesen Debatten zwei kurze Gespräche mit WALTER ALVAREZ im Gedächtnis behalten, mit dem mich immer sehr freundschaftliche Beziehungen verbunden haben. Nachdem er den neuesten Stand erfahren hatte, daß ich nämlich die Liste der Trapp-Alter und der Massensterben zusammengestellt hatte[19], gestand er mir zu, daß die Korrelation derart schön sei, daß es fortan schwierig sein würde, den Vulkanismus nicht auf die eine oder andere Art zu berücksichtigen: Er war auch bereit anzuerkennen, daß der Großteil der Aussterbeereignisse an Trapp-Ergüsse gebunden war – nicht aber jenes an der K/T-Grenze, für das die Hinweise auf den Impakt fortan offenkundig waren. Für ihn und für FRANK ASARO ist die Iridium-Anomalie an der K/T-Grenze ein im ganzen Phanerozoikum, d.h. seit fast 600 Mio. Jahren, einmaliges Phänomen. Die nach SHARPTON außergewöhnliche Größe der Struktur von Chicxulub kann man im übrigen besser durch ein sehr großes extraterrestrisches Objekt

---

[18] Es handelt sich um ein Poster, ein immer häufiger eingesetztes Medium, um Forschungsergebnisse auf Kongressen überhaupt noch vorstellen zu können. Die werden nämlich immer überfüllter.

[19] Dargelegt in Kap. 6.

erklären, wie es einmal alle Milliarden Jahre[20] auf die Erde fallen könnte, als durch das kleinere Objekt, das alle 100 Mio. Jahre plötzlich auftritt, wie LUIS ALVAREZ angeführt hatte.

Auf derselben Tagung teilten der indische Kosmochemiker BHANDARI und seine Mitarbeiter aus Ahmedabad mit, daß sie die Iridium-Lage und die K/T-Grenze in der Provinz Kutch zwischen zwei gut datierbaren Strömen des Dekkan-Trapps entdeckt hatten. Diese faszinierende Beobachtung verlangt danach, von unabhängigen Arbeitsgruppen bestätigt zu werden: Sie würde zeigen, daß der Einschlag des für das Iridium verantwortlichen Objektes und der Vulkanismus, der bereits einige 100.000 Jahre früher begonnen hatte, zeitlich zusammentrafen.

Die Arbeitsgruppe wurde zusammengestellt. Ich habe ROBERT ROCCHIA (für Iridium und Spinelle), GILBERT FÉRAUD und CORINNE HOFMANN (für die Datierungen) und YVES GALLET (für den Paläomagnetismus) vorgeschlagen, eine sorgfältige Untersuchung der Kutch-Profile vorzunehmen. BHANDARI hat den Gedanken einer solchen französisch-indischen Zusammenarbeit akzeptiert. Die Mission hat im April 1995 stattgefunden, und wir warten auf die Ergebnisse...

---

[20] Siehe Abb. 7, Kap. 2.

Kapitel 9   Kontroversen und Kongruenzen

Jeder Versuch, eine wissenschaftliche Forschungsarbeit zu rekonstruieren, lehrt ohne Zweifel ebensoviel über diejenigen, die sie durchführen, wie über ihr Forschungsobjekt selbst. Man sagt oft, Forscher seien auf der Suche nach einer Wahrheit. Wir wissen seit POPPER, daß zu dem alten Wahrheits-Begriff jener des widerlegbaren Modells an die Seite gestellt werden muß: Das Ziel der Forschung ist der Entwurf eines Modells, das mit dem zu einem gegebenen Zeitpunkt verfügbaren Wissen vereinbar ist. Dieses wird, selbst wenn es nicht immer anerkannt wird, solange akzeptabel bleiben, wie man nicht durch ein entscheidendes Experiment oder eine wesentliche Beobachtung etwas gefunden hat, was ihm widerspricht. In diesem Sinne benutzen wir – der Einfachheit halber und um nicht ein neues Wort einführen zu müssen – den Begriff „Wahrheit" weiter. Er bedeutet hier „noch nicht widerlegtes Modell". Aber die Forscher sind nicht ausschließlich auf der Suche nach dieser Wahrheit. Von Leidenschaften bestimmt, sind sie – Zeuge und Handelnder in einer endlosen Geschichte – selbstverständlich auch fehlbar. Und hinter der Kontroverse brechen mitunter weniger rühmliche menschliche Leidenschaften durch.

Konflikte und Schikanen

Bei dieser Suche nach den Gründen für das Verschwinden der Saurier und für die Massensterben ganz allgemein haben wir gesehen, daß sich zwei Schulen gegenüberstanden, die Verfechter von zwei deutlich voneinander abweichenden und a priori unvereinbaren Wahrheiten. Das Streben nach der jeweiligen Wahrheit und die Suche nach einer Antwort haben bei jedem der Teilnehmer sicherlich unterschiedliche Beweggründe gehabt. Dabei paarte sich der Wissensdrang bisweilen mit Geltungsbedürfnis. Und auch weniger edle Beweggründe standen zweifellos nicht immer abseits. Das gilt insbesondere für die Länder, in denen der Publikationszwang und der Druck, als erster ein bedeutendes (und „verkäufliches") Ergebnis zu erzielen, am stärksten ist.

Die intensivsten Debatten gab es in den Vereinigten Staaten. Das liegt zweifellos daran, daß dort die Zahl der mit diesem Problem befaßten Forscher am allergrößten war, und daß dort zugleich auch der Wettbewerb am härtesten ist. Die starke Persönlichkeit von LUIS ALVAREZ war dort nicht unbekannt. Dank seiner Überzeugungskraft und dank überzeugender Argumentation und der Qualität der Beobachtungen rissen die Verfechter der Asteroiden-Hypothese ziemlich schnell die Gemeinschaft der Geophysiker, der Geochemiker und der Astrophysiker mit, d.h. all jene, die sich nur zu gerne mathematischer, physikalischer oder chemischer Konzepte mit Hilfe quantitativer Modelle bedienen.

Die Geologen und Paläontologen, die sich bei der Geländebeobachtung wohler fühlen, hielten sich länger zurück[1]. So hat der große Ozeanspezialist CESARE EMILIANI schon bei der Formulierung der Impakt-Theorie die Existenz einer Periode der Dunkelheit und der großen Kälte aus biologischen Gründen abgelehnt. Zu viele Arten hatten damals

---

[1] Natürlich gab es Ausnahmen wie STEPHEN GOULD, den Vater einer Evolutions-Theorie, die als „Punktualismus" bezeichnet wird und die ihn für dramatische Szenarien empfänglich machte.

überlebt[2]. Seit langem vertrat BILL CLEMENS, Nachbar von WALTER ALVAREZ in Berkeley, die Auffassung, daß das Massensterben am Ende des Mesozoikums mehr als 10 Mio. Jahre gedauert habe. Sein Erklärungs-Versuch stützte sich auf sehr moderne Überlegungen. Er dachte, daß die Dynamik der Ökosysteme und die Wechselbeziehungen der Arten von nicht-linearen Gesetzen bestimmt waren: kleine Ursachen, kleine Änderungen des Milieus konnten somit große Folgeerscheinungen hervorgerufen haben, größere Auslöschungsereignisse, die uns dramatisch erschienen. Diese Beobachtungen sollten ihren Autoren, wie wir weiter oben gesehen haben, beißende Sticheleien und sogar die Ahndung von LUIS ALVAREZ einbringen.

Man kann sagen, daß die Impaktisten gegen Mitte der 80er Jahre auf Tagungen und bei Finanzierungs-Stellen leichtes Spiel hatten; einige gingen sogar so weit, daß sie versuchten, ihre Gegner lächerlich zu machen und deren Karriere zu behindern. Etliche große Wissenschaftler, insbesondere die Anhänger der Vulkanismus-Hypothese, waren davon betroffen. So war die Art und Weise, wie ab 1985 die Arbeiten MCLEANS über die vulkanischen Exhalationen und die biologische Pumpe aufgenommen wurden, absolut ungerechtfertigt. Sie hat, völlig inakzeptabel, seine Karriere belastet und sein Herz bedrückt.

Ein weiteres Opfer dieser verbalen Scharmützel ist CHUCK OFFICER. Über nahezu 10 Jahre war er der wesentliche Gegenspieler von LUIS ALVAREZ, und seine Hauptrolle in diesem ganzen wissenschaftlichen Abenteuer sollte nicht geringgeschätzt werden. Die Aufsätze von 1983 und 1985, die er mit CHUCK DRAKE schrieb, machten ihn zu einem der wesentlichen Akteure der Kontroverse, anregend und oft treffend. OFFICER war nicht von gestern. Er war ein Geophysiker von Weltruf, hatte an der Erforschung der Ozeane mitgewirkt sowie an der Geburt der Plattentektonik, und er hatte ein Vermögen in der Erdölforschung erworben. Und er verstand es, dem wissenschaftlichen Gegner – und der hieß ALVAREZ – die Zähne zu zeigen. Dennoch verabschiedete er sich müde und bitter von den Journalisten[3]: „Unter der Voraussetzung Ihres Interesses für die Geschichte der K/T-Grenze lasse ich Ihnen dieses Manuskript zukommen. Diese ganze Erfahrung mit den Arbeiten aus neuerer Zeit über die Karibik ist absonderlich gewesen – fast unglaublich... Ich finde das ganze genauso mißlich für die Geologie, wie die Kontroverse über das polymerisierte Wasser eine Störung für die Chemie gewesen ist. Das Fest ist aus. Während diese Untersuchungen aus den letzten Jahren... in der wissenschaftlichen Gemeinschaft kursieren, hoffe ich, daß diese ganze Geschichte der K/T-Grenze allmählich aufhört, Gegenstand journalistischer Nachrichten zu sein, und daß die Wissenschaftler zur Wissenschaft über das interessante Thema des Massensterbens zurückfinden können, und zwar ohne die Verbitterung, die diese Debatte hervorgebracht hat. Was mich angeht, ist meine Arbeit über die K/T-Grenze mit diesem Manuskript vollendet. Ich bin zur Wissenschaft über die Umwelt zurückgekehrt, und ich werde dort weiterhin arbeiten"[4].

---

[2] Der Gedanke, daß die überlebenden Arten mindestens so wichtige Informationsquellen sind wie die ausgestorbenen, ist heute Kernpunkt paläontologischer Forschungen, und er ist vielversprechend.

[3] Das folgende Zitat ist eine freie Übersetzung eines Teils des Briefes, den er mir in Kopie zukommen ließ.

[4] In diesem Zusammenhang ist es aufschlußreich, darauf hinzuweisen, daß der Anteil französischer Wissenschaftler an diesen Debatten durchaus bedeutungsvoll war und zwar nicht nur relativ gesehen, sondern auch absolut. Er erfolgte von Seiten der Anhänger der rivalisierenden Hypothesen im wesentlichen ohne Bitterkeit und Aggression. Französische Beiträge wurden nur von denen aus den USA übertroffen. Und dies gilt ganz allgemein seit ungefähr 20 Jahren für den Gesamtbereich der Geowissenschaften. Das ist das Ergebnis einer Einstellungs- und Finanzierungs-Politik, die auf die 70er Jahre und auf die Handlungsweise einiger erstklassiger Forscher zurückgeht.

Können und vermitteln

In der Wissenschaft entsteht plötzlich ein Gedanke – und oft weiß man nicht recht, wie – aufgrund einiger Messungen oder einiger Beobachtungen. Aber das reicht nicht aus: Man muß diesen Gedanken in eine Form bringen, ihn einer ersten gründlichen Überprüfung aussetzen, ihn überarbeiten, schließlich dazu kommen, ihn veröffentlichen zu lassen. Er muß bekannt und erörtert werden, seinen Weg nehmen. Je neuer und ursprünglicher er ist, um so schwieriger ist dieser letzte Schritt. Sagte nicht MAX PLANCK mit einem gewissen Zynismus, als er von den Schwierigkeiten sprach, der neuen Quantenmechanik zum Durchbruch zu verhelfen, daß man die Alten nicht von der Gültigkeit einer neuen Theorie überzeugt? Vielmehr müsse man darauf warten, daß sie stürben, und hoffen, daß die Jungen in hinreichender Zahl im Rahmen der neuen Theorie hätten erzogen werden können. Für einen Wissenschaftler ist das standardisierte Medium des Gedachten der publizierte Aufsatz. Der wird erst publiziert, wenn er das Feuer der Kritik einer Reihe anonymer Leser überstanden hat, die unter seinesgleichen ausgewählt worden sind. Die endgültige Publikationsentscheidung trifft ein Schriftleiter, der gemeinsam mit seinen Autoren seinen Teil der Verantwortung übernimmt. Ein Ergebnis, das anläßlich einer Tagung mündlich bekanntgegeben worden ist, hat diesen Wert nicht, und normalerweise kann es von einem anderen Autor in einer anderen Arbeit nicht zitiert werden.

Leider lassen sich Wissenschaftler immer häufiger dazu verführen, ihre Forschungsergebnisse zunächst in nicht-spezialisierten Journalen zu veröffentlichen oder aber im Fernsehen darüber zu berichten, bevor sie sie *lege artis* publizieren und sie ihrer Veröffentlichungsliste hinzufügen. Das erfolgt in dem Bemühen, nicht nur die eigenen Kollegen, sondern auch die breite Öffentlichkeit zu beeindrucken und zu überzeugen. Das sind einmal die Bürger, mit deren Steuern in den meisten Ländern die Forschung bezahlt wird, und zum anderen die Entscheidungsträger, die ihre Forschungsanträge bewilligen, das Geld bereitstellen und die nicht mehr die Zeit haben, alles zu lesen. Die sind aber, wie andere Menschen auch, für Mode-Erscheinungen und für die *vox populi* empfänglich. Diese Vorgehensweise kann nur verurteilt werden; denn sie bedroht letztlich die Integrität und auch den Wert wissenschaftlicher Forschung. Um es deutlich zu sagen: Wissenschaftliche Breitenwirkung auf hohem Niveau ist eine wesentliche Aufgabe[5]; aber sie muß den nach entsprechenden Standesregeln erschienenen Publikationen folgen, sie darf diesen nicht vorausgehen; die zeitliche Reihenfolge muß eingehalten werden. Auch die Kontroverse über die K/T-Grenze ist diesen Ausschweifungen nicht entgangen, und zwar um so weniger, als es sich um ein populäres und kommerzielles Thema handelte, weil die Dinosaurier im Spiel waren.

Die Medien spielten eine bedeutsame Rolle. Zuweilen war diese aber auch zweifelhaft, wenn sie es nämlich vorzogen, der einen Theorie mehr als der anderen zur Geltung zu verhelfen. Und nicht nur in Publikumszeitschriften, sondern auch in einem Wissenschaftsorgan wie *Science* ergriffen die Redakteure schnell Partei für den Impakt.

Was ist eine Katastrophe?

Warum erweckt der Asteroid beim Publikum offensichtlich mehr Aufmerksamkeit als die Vulkaneruption? Mir scheint, daß die Antwort in unserem Anthropozentrismus

---

[5]   die in Frankreich sehr unterentwickelt ist.

steckt. Ein solcher Impakt, wie ihn sich die beiden ALVAREZ vorgestellt haben, ist gewiß eine Katastrophe im Maßstab geologischer Zeiten. Aber auch im Maßstab eines Menschenlebens erscheint die Idee eines Impaktes genauso katastrophal und kaum vorstellbar. Die Beschreibung, die die Medien davon verbreiten, ist geeignet, unsere Vorstellungskraft anzusprechen. Und diese rückt die Idee des Impakts in die Nähe der in so vielen Büchern und Filmen heraufbeschworenen Szenarien einer allgemeinen Atomkatastrophe. Die klimatischen Folgen sind im übrigen, wie wir gesehen haben, ziemlich ähnlich. Alle Welt kennt das Szenarium des Nuklearen Winters, das Klimatologen und Planetologen zu Beginn der 80er Jahre entworfen haben, aber wieviele wissen eigentlich, daß dieses Szenarium von dem des Impakt-Winters inspiriert worden ist und damit direkt durch den 1980er Aufsatz in *Science*? Atomexplosion und Meteoriteneinschlag liegen im Bewußtsein sehr vieler unbewußt und vage nebeneinander. Deshalb können sie von den Journalisten leicht ausgenutzt werden, die nämlich wissen, daß dieses Thema anspricht und Erlöse bringt.

Mit dem vulkanischen Szenarium verhält es sich anders. Immer wieder in der „großen Presse" beschrieben, kommt es dennoch schlecht rüber, es geht nicht ins Unterbewußtsein. An große Vulkanausbrüche haben wir uns durch Fernsehen und Kino weitgehend gewöhnt, oder wir haben doch zumindest schon einmal etwas davon mitbekommen. Ein aufsehenerregendes und beunruhigendes Schauspiel, gewiß, aber letzten Endes eine „kleine" Katastrophe, die mit einer richtigen extraterrestrischen oder vom Menschen ausgelösten Explosion nicht konkurrieren kann. Eine zweifache Ungleichheit[6] verfälscht unsere Wahrnehmung. Die Dauer eines Impaktes mißt nach Sekunden. Sie ist somit „unendlich" kürzer als das menschliche Leben. (Der Sprung beträgt 9 Größenordnungen oder einen Faktor 1×10^9). Die Ereignisse des Dekkan, die einige Zehntausend oder einige Hunderttausend Jahre dauerten, erscheinen dagegen „unendlich" länger. (Der Sprung beträgt dann 4 oder 5 Größenordnungen in die entgegengesetzte Richtung oder einen Faktor von 10.000 bis 100.000.)

Für den Nicht-Geologen ist der Impakt eines Meteoriten eine quasi-spontane Katastrophe von einer extremen Intensität. Dagegen erscheint ihm eine Eruption, sei sie auch stark und langanhaltend, als ein eher kleines Phänomen, wenn er nicht in der Nähe einer aktiven Vulkanzone lebt. Und dennoch muß man sich darüber klar sein, daß die Trapp-Eruptionen im langen Maßstab geologischer Zeiten sehr wohl Katastrophen sind, die man sich schlecht vorstellen kann, zumal sich seit Menschengedenken keine solchen abgespielt haben. Dieser Maßstab aber bestimmt das Leben der Erde und das der Arten, und an diesen Maßstab hat sich der Leser dieses Buches gewöhnen müssen. Die letzte Eruptionsphase liegt 16 bis 17 Mio. Jahre zurück: die kleinen Trapp-Gebiete von Columbia in Nordamerika, die vermeintlich keinen bedeutenden Einfluß auf die Evolution genommen haben. Die vorletzte Eruptionsphase förderte die Flutbasalte von Äthiopien. Sie stand, wie wir gesehen haben, möglicherweise am Ende des Eozän vor 33 Mio. Jahren. Die letzte, für einen sehr großen Teil der Arten wirklich todbringende Eruptionsphase ist die von Dekkan vor etwa 65 Mio. Jahren. Es bedarf der Betrachtungsweise des Geologen und dessen erlernter Fähigkeit, in längeren Zeiträumen[7] zu denken, um sich darüber klar zu werden, daß jedes dieser beiden durch dieses ganze Buch dargelegten Szenarien sehr wohl den Namen einer planetarischen Katastrophe verdient.

---

[6] Im mathematischen Sinne des Begriffes.

[7] Sehr wohl noch über diese lange Zeit der Geschichte hinaus, die man sich in allen ihren Konsequenzen schon so schwierig vorstellen kann, wie uns FERNAND BRAUDEL hat erkennen lassen.

Der Tod kommt vom Himmel

Welche Position beziehe ich heute in dieser fesselnden Diskussion, die sich seit fast 15 Jahren abspielt? Sie ergibt sich leicht aus den Beobachtungen, die ich versucht habe zusammenzufassen, und aus dem letzten Wiederaufleben, auf das ich weiter oben Bezug genommen habe.

Ich glaube heute durchaus, daß ein ziemlich außergewöhnlicher extraterrestrischer Körper vor 65 Mio. Jahren auf der Erde eingeschlagen sein soll. Wie weiter oben ausgeführt, hatte ich einige Jahre mehr oder weniger dilettantisch an diese Hypothese geglaubt. In den folgenden Jahren habe ich sie – auf der Grundlage des Sparsamkeitsprinzips[8] – abgelehnt: Es wollte nicht recht in meinen Kopf, mir vorzustellen, daß sich zwei außerordentliche Ereignisse gleichzeitig abgespielt haben könnten. Vor der Entdeckung des Chicxulub-Kraters und den letzten Arbeiten von DOUKHAN über geschockte Quarze erschienen mir die ursprünglichen „Beweise" für den Impakt nicht recht zwingend, würde man sie einer strengen Überprüfung unterziehen, während der Dekkan-Vulkanismus durchaus Wirklichkeit war. Wir haben seine außergewöhnliche Intensität dargelegt, und im übrigen paßte das Alter.

Einige Jahre sind vergangen. Die Iridium-Anomalie und die geschockten Quarze sind weiterhin die einzigartigen Kennzeichen der K/T-Grenze. Sie können von den Anhängern des Vulkanismus zum gegenwärtigen Zeitpunkt nicht befriedigend erklärt werden. Ergebnis der „1. Halbzeit": ein Impakt. Zwar ist den anderen Grenzen geologischer Einheiten (Stufen) im allgemeinen nicht dieselbe Aufmerksamkeit wie der K/T-Grenze geschenkt worden, es scheint darunter aber keine derart außergewöhnliche Mengen an Iridium zu führen, daß man sie nicht mit ausschließlich terrestrischen Bildungs- und Anreicherungs-Mechanismen erklären könnte. Erst kürzlich haben Geochemiker eine Iridium-Anomalie an der Grenze Devon/Karbon entdeckt, die weltweit verbreitet zu sein scheint. Dieses Auslöschungsereignis mit einem Alter von 360 Mio. Jahren ist eines der fünf großen des Phanerozoikums, es ging dem Massensterben vom Ende des Perm voraus (vgl. Abb. 2). Da geschockte Quarze und Mikrotektite fehlen, andererseits aber Schwarzschiefer (die sich in einem an Sauerstoff verarmten Milieu gebildet haben) vorkommen, gab es nur die eine Schlußfolgerung, daß diese Anomalie auf ausschließlich irdische chemische Phänomene zurückgeht, die sich zum Zeitpunkt der Ablagerung oder während der anschließenden Diagenese ereignet haben. Kein Impakt somit, an keiner der anderen Grenzen – außer zur Wende Kreide/Tertiär.

Der Tod kommt aus dem Mantel

Die Trapp-Basalte sind außergewöhnliche geologische Phänomene, deren Bedeutung bis heute unterschätzt worden ist. Durch sie wurde das relativ ruhige Bild, das die „normale Plattentektonik" abgibt, wesentlich ergänzt. Diese Tektonik genügt der Erde nicht, um ihre ganze Wärme abzugeben. Episodisch und unregelmäßig wird etwa alle 20 bis 30 Mio. Jahre eine riesige Blase aus Mantelmaterial instabil und durchbricht die Oberfläche. Ihr Aufstieg löst gewaltige explosive Eruptionen aus und endet mit der Platznahme von Millionen von km³ Basalt in einigen zehntausend oder einigen hunderttausend Jahren. Etwa 10 dieser Trapp-Vorkommen sind aus den letzten 300 Mio. Jahren bekannt.

---

[8] Bei den Angelsachsen unter der Bezeichnung „Rasiermesser von Occam" bekannt. Dieses Prinzip besagt, daß man unter zwei Modellen, die den Beobachtungen gleichermaßen Rechnung tragen, stets das ökonomischste vorziehen soll. Das gilt für Hypothesen oder einzelne Parameter.

Darunter sind sieben[9], die mit sieben Ereignissen von Massensterben zusammenfallen und, das ist besonders erwähnenswert, mit den zwei wichtigsten. Je genauer die Altersbestimmungen werden, um so besser scheint diese Korrelation zu sein. Dieser Vulkanismus kann qualitativ und in gewissen Fällen auch grob quantitativ zahlreiche Anomalien erklären, die man in den Schichtfolgen antrifft, die noch das ein oder andere Zeugnis dieser Ereignisse enthalten. Eruptionen dieses Ausmaßes scheinen die Biosphäre durch den Ausstoß von Aschen, Aerosolen und Gasen beeinträchtigen zu können und Dunkelheit, Temperaturänderungen und sauren Regen hervorrufen zu können. Es liegt auf der Hand, daß die interne Dynamik des Globus – selten, aber dann sehr dramatisch – die Evolution der Arten beeinflußt. Ergebnis der „2. Halbzeit": sieben Trapp-Vorkommen.

Sieben Trapp-Vorkommen und ein Impakt

Meeresrückzüge, bei denen der Meeresspiegel in einigen 100.000 oder in einigen Millionen Jahren um 200 m absinken kann, fallen ebenfalls mit zahlreichen Grenzen zusammen, deren Spuren sie oft nahezu ausgelöscht haben. Selbst wenn der Mechanismus noch zu klären ist, scheint es einfacher, diese Regressionen mit der Konvektion im Erdmantel und der Dynamik der Platten in Beziehung zu setzen als mit eventuellen Impaktereignissen, die ihnen systematisch (und wundersam) um etwa 1 Mio. Jahre vorausgehen. Auf der anderen Seite könnten Plattentektonik – als Ausdruck „normaler" Konvektion – und Entstehung von Manteldiapiren – als Ausdruck „außergewöhnlicher" Konvektion – durchaus einen gemeinsamen, im Mantel zu suchenden Urgrund haben, auch wenn die Reaktionszeiten unterschiedlich sind. Eine Verlangsamung der Expansionsgeschwindigkeit der Ozeanböden führt zu einem generellen Absinken des Meeresspiegels. (Das von den Rücken eingenommene Volumen wird kleiner.) Sie könnte der Entstehung von Instabilitäten im tiefen Mantel vorausgehen, die zu Flutbasalt-Ergüssen führt. Auch die in der thermischen Auswirkung des Manteldiapir-Kopfes begründete Aufwölbung der Kruste führt zu einer – regionalen – Meeresspiegelabsenkung. Es ist folglich nicht abwegig, an einen gemeinsamen Mechanismus oder wenigstens einen gemeinsamen Auslöser für Regressionen und Trapp-Ergüsse zu denken.

Nahezu niemand von den Anhängern der extraterrestrischen Hypothese besteht im übrigen weiter auf einem Impakt als Ursache für die anderen geologischen Grenzen – außer der K/T-Grenze. Muß man zustimmen, daß sich lediglich einmal und zwar zu demselben Zeitpunkt, als sich die Flutbasalte des Dekkan ergossen und die Biosphäre einer harten Belastungsprobe ausgesetzt war, ein Impakt ereignete und daß dieser den schon angeschlagenen Arten einen zusätzlichen Schlag versetzte? Genau das erscheint heute am wahrscheinlichsten. Der entsprechende Beweis könnte bald erbracht werden, wenn sich die Entdeckung der an Iridium reichen Schicht zwischen zwei Basalt-Strömen im Dekkan-Trapp der Provinz Kutch bestätigen sollte. Aber die Asteroiden haben während der ersten Milliarde Jahre der Erde zweifellos unendlich größere Bedeutung gehabt. Wenn man hier JAY MELOSH folgt, sollten damals etwa 10 größere Impakte von Himmelskörpern mit einer Größe von bis zu einem Zehntel des Volumens der heutigen Erde zu einem katastrophischen Wachsen unseres Planeten geführt haben. Jeder Impakt hätte einen wesentlichen Teil des schon gebildeten Objektes losgerissen und geschmolzen. Bei einem dieser Zusammenstöße wäre der Mond entstanden. Jede Art von Leben war damals unmöglich. Deshalb hat sich das Leben zweifelsohne erst am Ende dieses uner-

---

[9] Vgl. Kapitel 6.

meßlichen Bombardements vor vielleicht 4 Milliarden Jahren entwickeln können. Zwischen den Planeten verblieben noch zahlreiche Bruchstücke, und die Impakte spielten wohl noch ziemlich lange eine entscheidende Rolle. Das aber ist seit einer Milliarde Jahre zweifellos kaum noch der Fall.

Endstand (oder besser derzeitiger Spielstand; denn vielleicht spielen wir gerade die „Verlängerung"): 7 : 1. – Die katastrophalen Vulkaneruptionen der Flutbasalte scheinen wohl der wesentliche Verursacher zu sein, der der Evolution der Arten episodisch eine neue Richtung gibt, zunächst erscheint das überraschend, dann aber zwangsläufig. Ein einziges Mal in den letzten 300 Mio. Jahren, an der K/T-Grenze, haben die – schon schwer mitgenommenen – Arten die zusätzliche Katastrophe durch den Impakt eines Asteroiden oder Kometen erlitten. Es bliebe, die jeweiligen Auswirkungen dieser zwei Ereignisse auf das Klima und die Biosphäre zu präzisieren. Erinnern wir uns, daß von den gut datierten Kratern nämlich keiner eine erkennbare Auswirkung auf die Vielfalt der Arten gehabt zu haben scheint. Keiner außer Chicxulub...

Kapitel 10   Unwahrscheinliche Katastrophen
und Zufälle der Evolution

Die klimatischen Auswirkungen des Impaktes sind in mehreren Werken dargelegt worden, diejenigen der Förderung von Flutbasalten, dieser „Feuertreppen"[1], ein wenig seltener. Wir haben im Laufe der vorangegangenen Kapitel einen Abriß davon vermittelt. Beide Katastrophen-Szenarien führen zu ziemlich ähnlichen klimatischen Voraussagen: Staub, saurer Regen, Abkühlung, der langfristig eine Erwärmung folgen würde. Dunkelheit, giftige Gase, Waldbrände, Überlebende, die sich dadurch schützen, daß sie in den kleinsten Bau kriechen. Das ist gewiß etwas, um die Vorstellungskraft anzusprechen. Unterschiedlich – das haben wir gesehen, und das ist nicht ohne Bedeutung – sollten alleine die Zeitspannen dieser Phänomene sein, einige Jahrtausende im einen und weniger als ein Jahr im anderen Falle. Die Tatsache, daß diese Beeinträchtigungen so ähnlich sind, macht alle Versuche, lediglich auf der Grundlage des in den Sedimentgesteinen überlieferten physikalischen und chemischen Gedächtnisses zwischen den beiden zu unterscheiden, noch schwieriger.

Die am Ende der Kreide-Zeit durch den Vulkanismus in die Atmosphäre emittierten Gas-Massen sind beträchtlich: vielleicht 10 Billionen (10^{13}) Tonnen Schwefeldioxid, ebensoviel Kohlendioxid, 10 Milliarden (10^{11}) Tonnen Halogene, insbesondere in Form von Salzsäure. Von der Dauer der Krise hängt die Menge der in die Atmosphäre emittieren Gase ab. Diese Emissionsrate ist ein sehr bedeutungsvoller Parameter: der Mensch setzt dieselben, potentiell schädlichen, Gase in die Atmosphäre frei, und zwar in Mengen, die fortan größer sind als das natürliche Hintergrund-Rauschen in unserer heute eher ruhigen Zeit. Diese Raten sind andererseits mit denen vergleichbar, die bei einem Impakt oder der Platznahme eines riesigen Lava-Stromes freigesetzt worden sein können.

Klima-Katastrophen: die Vergangenheit als Schlüssel zur Zukunft?

Die Entdeckungen der Geologen treffen sich hier somit durchaus mit aktuellen Sorgen und Problemen. Zum ersten Male in der Geschichte der Erde ist eine lebende Art in der Lage, Mengen an Feststoffen, Flüssigkeiten und Gasen in derselben Größenordnung zu erzeugen wie diejenigen, die die ganze Erde auf natürlichem Wege hervorbringt. Aber die Zeitspannen und die Stoffströme sind nicht mehr die gleichen. Wozu die Erde Hunderttausende, ja Millionen von Jahren brauchte, dazu hat der Mensch nur 100 Jahre gebraucht, und in vielen Bereichen nimmt seine Produktion weiterhin exponentiell zu.

Das ist hier nicht der Ort, ein Modell einer Klimavorhersage zu entwerfen, das auf der gegenwärtigen Produktion von Aerosolen und Gasen durch den Menschen beruht. (Und ich bin dazu auch nicht in der Lage.) Im übrigen sind die Unsicherheiten auch noch beträchtlich, denn selbst der berühmte Treibhauseffekt ist Gegenstand heftiger Auseinandersetzungen. Für einige Wissenschaftler besteht kein Zweifel daran, daß die durch industrielle Produktion und Heizung verursachte Zunahme der CO_2-Konzentration in der

---

[1] Siehe Fußnote 11 in Kap. 3.

unteren Atmosphäre für eine Erwärmung unseres Planeten verantwortlich ist, die gerade erst beginnt. Andere indessen, wie CLAUDE ALLÈGRE zum Beispiel, weisen auf die gute Korrelation zwischen früheren CO_2-Gehalten, die in den in der Arktis und der Antarktis[2] erbohrten Eiskernen gemessen wurden, und der Temperatur im Laufe der letzten glazialen und interglazialen Abschnitte hin. Diese beiden Verteilungen sind ihrerseits mit Milankovič -Zyklen[3] korreliert. Da diese Zyklen ausschließlich mechanischen, astronomischen Änderungen verschiedener Parameter des Umlaufes und der Neigung der Rotationsachse der Erde im Verhältnis zur Sonne und zur Ebene der Ekliptik entsprechen, wäre die Kausalität demnach in Wirklichkeit genau umgekehrt: Die astronomischen Parameter bestimmen die Sonneneinstrahlung, somit die mittlere Temperatur, und diese wiederum, durch einfache Lösung oder aber Gas-Abgabe des Ozeans, die Konzentration an Kohlendioxid.

Die Tatsache, daß der mittlere vom Dekkan ausgehende CO_2-Fluß in derselben Größenordnung liegt wie die gegenwärtige menschliche Produktion, ist somit vielleicht nicht signifikant. Aber die plötzlichen Gas-Flüsse können viel größer gewesen sein, und wir haben die Folgerungen gesehen, die man daraus ziehen konnte, insbesondere die Verzehnfachung des CO_2-Gehaltes im Falle eines Ausfalls der biologischen Pumpe. Für den Schwefel und die Halogene ist die (quantitative) Auswirkung noch weniger bekannt, aber aufgrund der Größenordnungen kann man sich beachtliche Klima-Folgen vorstellen: sauren Regen und die Zerstörung der Ozon-Schicht. Somit kann der Geologe heute dem Klimatologen die Grenzbedingungen und den historischen Langzeit-Rückblick vermitteln, die jenem fehlen. Will man die Emissionsraten während der großen, für den massiven Artenschwund verantwortlichen Katastrophen zuverlässiger abschätzen, braucht man unbedingt eine sehr genaue Methode der Zeitmessung, viel genauer noch, als die gegenwärtig verfügbaren. Ein Impakt von der Dauer einer Sekunde sollte nicht dieselben Folgen wie eine einjährige Eruptionsphase haben. Und da der Vulkanismus dem Wesen nach ein episodisches Phänomen ist, ist es wichtig, die Zahl und die zeitlichen Abstände der Eruptionen zu bestimmen, da es zu Wechselwirkungen, zu einer Sättigung oder zum Eintritt in ein nicht-lineares Regime kommen kann.

Ohne als Pessimist dastehen zu wollen, denke ich, daß die vergangenen Katastrophen, deren Zeugen der Geologe ausgräbt, unsere Aufmerksamkeit verdienen. Und das nicht nur, um unsere Kultur zu bereichern und den Zickzackweg, der zum Entstehen unserer Art geführt hat, besser zu verstehen, sondern – sehr praktisch – um zu begreifen, wie man ihr Verschwinden verhindert. Dieses besagt, daß es kaum eine Art gibt, deren Lebensdauer nicht begrenzt wäre. Und diese Lebenserwartung mißt im allgemeinen nach Millionen Jahren – im Höchstfalle.

Die dritte Krise

Manche glauben, daß wir bereits in eine neue Periode eines Massensterbens eingetreten sind[4]. Seit 6 Mio. Jahren haben die Gletscher Schritt für Schritt die Antarktis erobert und danach immer größere Bereiche. Die Vereisungen sind vor etwa 2 Mio. Jahren so bedeutend geworden, daß man sie in eine eigene geologische Epoche stellt, das Pleistozän. Die

---

[2] Siehe z.B. LORIUS, C. (1991): Glaces de l'Antarctique: une mémoire, des passions. – Paris (Odile Jacob).

[3] Siehe Fußnote 13, Kap. 1.

[4] Siehe zu diesem Thema das Plädoyer in Buchform von WARD, PETER (1994): The End of Evolution. – New York (Bantam Books).

Evolution der menschlichen Art ist sehr eng an die Klima-Änderungen während dieses Zeitraumes geknüpft. Während des Pleistozäns sind zwei Drittel der Mollusken, Schnekken und Muscheln des Westatlantik und der Karibik erloschen. Teilweise ist dafür zweifellos die Absenkung des Meeresspiegels im Gefolge des Gletscher-Wachstums verantwortlich. (Diese Meerespiegelabsenkungen sind somit anders begründet als diejenigen am Ende des Paläozoikums bzw. des Mesozoikums. Die waren nämlich zweifellos an Änderungen der Spreizungsgeschwindigkeiten der Ozeane gebunden.) Die Säugetiere Afrikas sind ebenfalls stark betroffen worden, genauso wie ein Drittel der Säugetiere in Nordamerika. Vor ungefähr 11.000 Jahren, in viel jüngerer Zeit somit, verschwanden zwei Drittel der großen Säugetiere, die auf dem amerikanischen Kontinent (Nord und Süd) überlebt hatten, und zwar ziemlich plötzlich. Viele haben darin eine Folge der Ankunft des Menschen über die Behringstraße gesehen.

Das Handeln des Menschen war in noch viel jüngerer Zeit Ursache für zahlreiche Fälle von Aussterben, insbesondere auf bestimmten Inseln des Pazifiks, wie Hawaii, wo die Ankunft unserer Art vor knapp 2000 Jahren die ursprüngliche Fauna und Flora zerstörte. Die Ankunft von COOK und den Westlern ab 1778 löst neue Wogen der Auslöschung aus. Dieselbe Geschichte ist in Madagaskar, in Neuseeland abgelaufen...

Bis vor wenigen Jahren schätzte man die Gesamtzahl der Arten, die heute die Erde bewohnen, auf 5 Millionen. Durch die Entdeckung des Reichtums (und der Kleinheit) gewisser Lebensräume in tropischen Korallenriffen und Regenwäldern könnte die Schätzung fortan auf 50 Mio. steigen. Alleine die Ausbeutung des tropischen Waldes dürfte gewisse Arten verschwinden lassen, bevor deren Existenz überhaupt bekannt ist. Insgesamt sterben jeden Tag 100 Arten unwiederbringlich aus.

In „The End of the Evolution"[5] hat PETER WARD keine Hemmungen vorzuschlagen, daß das Pleistozän dem dritten großen Massensterben in der Geschichte der Erde entspricht – nach denen am Ende des Paläozoikums und des Mesozoikums. Wir wollen festhalten, daß der Titel seines Buches, so treffend er auch sein mag, irreführend ist. Die Massensterben stehen nicht am Ende der Evolution. Vielmehr entsprechen sie größeren Umorientierungen. Wie man sich vorstellen kann, wird noch lebhaft diskutiert, inwieweit es diese „dritte Krise" tatsächlich gibt. Ihre Breitenwirkung und ihre Dauer sind in der Diskussion. Es ist also schwierig, die weiter oben angegebene Aussterberate mit denen zu vergleichen, die uns die paläontologische Untersuchung der Fossilien offenbart. Unsere Kenntnis lebender Arten, so lückenhaft sie auch sein mag, ist doch derjenigen fossiler Arten weit überlegen. Mehr als 70% der Arten hinterlassen keine Fossilien, und von denen, die erhaltungsfähig sind, verschwindet die große Mehrheit der Individuen auf immer und ewig, ohne Spuren zu hinterlassen. Wir haben sozusagen keinen fossilen Beleg von Tierarten, die denen entsprechen, die man täglich im tropischen Regenwald entdeckt.

Wenn nun diese dritte Krise eine Realität ist, welches sind dann die Ursachen? Die Rolle des Klimas und die des Menschen sind schwierig zu trennen. Zwei Schulen stehen einander gegenüber, von denen jede die Meinung vertritt, daß eine dieser beiden Kräfte die Hauptursache sei. WARD weist darauf hin, daß bereits LYELL schrieb: „Wir müssen gleichzeitig davon überzeugt sein, daß die Vernichtung einer Vielzahl von Arten schon stattgefunden hat, und daß sie sich in einem immer schnelleren Rhythmus in dem Maße fortsetzen wird, wie sich die Kolonien der hochzivilisierten Nationen über die unbesetzten Länder ausbreiten werden". Die Entwicklung der menschlichen Population erfolgte

---

[5] op. cit.

mit einer Geschwindigkeit, und sie erreicht eine Intensität, die ihresgleichen in der Geschichte der Evolutionen sucht. Die Krise hätte somit schon vor dem Zeitalter der Industrie begonnen, die so oft als einzige beschuldigt wird. Sie unterstreicht, wie wichtig es ist, die großen Krisen der Vergangenheit genau zu erforschen, auf daß wir die zukünftigen Veränderungen unseres Lebensraumes zu verstehen lernen. Welche Konsequenzen hat in einer (durch Eruptionen, durch Vergletscherung, durch den Menschen) schon anfällig gewordenen Welt ein zusätzliches jähes Ereignis (ein Impakt, eine heftige Eruption, die Ausstöße des industriellen Zeitalters)? Kann es das System kippen, zum Massensterben führen?

Unwahrscheinliche Katastrophen

Wir haben gesehen, daß diejenigen, die die Umwälzungen auf dem Blauen Planeten am Ende des Mesozoikums zu erklären versuchen, auch weiterhin mehrere Szenarien bemühen. Für die einen ist nichts wirklich Katastrophales geschehen. Im Maßstab von etwa 10 Mio. Jahren haben sich die Meere zurückgezogen, um dann aufs Neue wieder vorzustoßen. Die Änderungen der Größe der Festländer, der ozeanischen Zirkulation und der Klimazonierung, die durch dieses Vor und Zurück bewirkt wurden, genügen, um Massensterben und das Erscheinen von jeweils neuen Arten zu erklären.

Zu dieser uniformitaristischen Theorie, die heute nur von einer Minderheit[6] vertreten wird, stehen zwei Katastrophen-Theorien, die wir gerade lang und breit diskutiert haben, im Widerspruch. Eine Theorie beruft sich auf eine wahrhafte Katastrophe, die dieses Prädikat selbst vor dem Maßstab des menschlichen Lebens verdient: die Asteroiden-Theorie. *Corpus delicti* ist ein großer extraterrestrischer Körper. Die Hauptursache des Aussterbe-Ereignisses muß außerhalb der Erde gesucht werden; sie hat keine einfache und direkte Beziehung, jedenfalls keine kausale, mit der Geologie. Es ist nicht erstaunlich, daß viele Geologen hierin einen inakzeptablen *deus ex machina* gesehen haben. Und dennoch zeigen die Erkundung der Planeten und die neue Sicht der Erde, die wir dadurch gewonnen haben, ohne jeden Zweifel, daß diese Impakte geologische Agentien sind, die man nicht mehr leugnen kann, obwohl ihre Bedeutung zweifellos zu Beginn der Erdgeschichte viel prägender als in jüngerer Zeit gewesen ist.

Die zweite Katastrophen-Theorie, die des Vulkanismus, beruft sich auf gigantische Eruptionen kontinentaler Basalte. Die Anhänger des Asteroiden hatten natürlich die Tendenz, deren Bedeutung herunterzuspielen. Und dennoch ist es fortan klar, daß die Trappbasalte die größten vulkanischen Phasen auf der Erde darstellen, und daß ihre Dauer fast 100mal kürzer ist und ihre Intensität somit 100mal größer, als man noch vor einigen Jahren glaubte. Diese beiden Kastastrophen-Typen hat es sehr wohl gegeben, und die zwei Schulen sind, so unvereinbar sie auch zu sein schienen, alle beide ohne Zweifel auf dem richtigen Wege. Sie führen uns zu den Grenzen unserer wissenschaftlichen Disziplinen, an physikalische Grenzen, die der Mensch nur durch das Denkvermögen zu erreichen hoffen kann, in der Tiefe des Weltraumes und im Inneren der Erde. Man begreift mit KUHN[6A], daß es, wie bei jedem bedeutenden wissenschaftlichen Fortschritt, nur zu natürlich war, daß viele Forscher versucht haben, sich derartigen Neuerungen zu widersetzen.

---

[6] Zwei Anmerkungen: Eine Theorie ist nicht schon deshalb falsch, weil sie nur von wenigen vertreten wird; und die Entwicklung der Meeres, hat sicher stattgefunden und auch Folgen gehabt; aber man kann m.E. die Existenz einer anderen, viel kürzeren, Ursache nicht leugnen.

[6a] Kuhn, Th. (1962, 1970): The structure of scientific revolutions. – University of Chicago Press.

Die leidenschaftlichen Debatten, die die Geowissenschaftler seit fast 15 Jahren über dieses Problem geführt haben, sind eine neue Variante der ein Jahrhundert alten Diskussion zwischen Anhängern des Katastrophismus und des Uniformitarismus[7]. Die Katastrophenlehre, mit der der Name CUVIER verbunden ist, ist ein System, eine pauschalierende Theorie. Im Gegensatz zum Aktualismus liefert er aber keine Methode, kein Verfahren der Forschung. In Wirklichkeit wendet Cuvier sehr wohl die aktualistische Methode an, um zu zeigen, daß die tertiären Sedimente des Pariser Beckens abwechselnd marine und Süßwasser-Bedingungen verkörpern. Für die jüngsten Zeitabschnitte indessen bemüht er Katastrophen und Sintflut-Ereignisse, weil er glaubt, mit keiner der heute in der Natur wirksamen Kräfte seine Beobachtungen erklären zu können.

Manche Geologen des letzten Jahrhunderts gaben in Wirklichkeit die Notwendigkeit zu, Aktualismus und (ein wenig von dem) Katastrophismus nebeneinander anzuwenden. DOTT und BLATTEN[8] fragen sich in ihrem ausgezeichneten Buch über die Entwicklung der Erde bereits, wie die Kontroverse überhaupt so lange hat dauern können, zumal PLAYFAIR bereits 1802 geschrieben hatte: „Ungeachtet aller Umbrüche auf der Erde ist der Haushalt der Natur stets gleichmäßig geblieben, und allein die Gesetze haben der allgemeinen Bewegung widerstanden. Die Flüsse und die Gebirge, die Meere und die Kontinente sind in allen Einzelheiten verändert worden; *aber die Gesetze, die diese Änderungen beschreiben,* und die Regeln, denen sie folgen, sind unveränderlich dieselben geblieben". In den 30er Jahren des 19. Jahrhunderts drückt WHEWELL dieselben Gedanken am klarsten und in meinen Augen am modernsten aus, als er erklärt, daß die Naturgesetze und die geologischen Prozesse in ihren physikalischen und chemischen Aspekten durchaus allgemeingültig sind, daß aber nichts und niemand die Stetigkeit des Grades, der Geschwindigkeit garantieren könne, mit der sie wirken: „Sich nur auf eines zu berufen, um uns vor dem anderen zu schützen, ist gleichermaßen anmaßend... Was bedeutet der Begriff „Gleichförmigkeit"? Wie können wir behaupten, daß der Mensch hinreichend lange Beobachter gewesen ist, um das Mittel der Kräfte zu kennen, die im Laufe unermeßlich langer Zeiten wechseln?" Wäre es in der Tat nicht ziemlich arrogant, sich vorzustellen, daß es unsere Geschichte, die nur den 10.000sten Teil der Geschichte des Lebens und den millionsten Teil der Erdgeschichte verkörpert, es den Menschen erlaubt hat, die gesamte Variabilität der Phänomene, die sich auf unserem Planeten abspielen können, kennenzulernen und die Erinnerung daran zu bewahren.

Es ist LYELL, der die Konzepte des Uniformitarismus, die er gerade einführt, auf die Spitze treibt und – ohne Zweifel in dem Bemühen, sie durch ein „K.O. des Gegners" durchzusetzen – praktisch die Existenz einer „Zeitachse" in der Geologie leugnet. Das Vorhandensein einer wirklichen Geschichte sieht er nicht. Er glaubt, daß der von den Fossilien vermittelte Eindruck eines Wandels nur scheinbar ist und darauf zurückgeht, daß die höheren Organismen nicht überliefert sind. Die Anhänger des Katastrophismus werden lächerlich gemacht, ihre wesentlichen Beiträge – die Stratigraphie, die Richtung der Zeit, die Evolution – werden bagatellisiert, ja, sogar vergessen. Viele unter den Anhängern LYELLS teilen seine extreme Haltung nicht, im Gegenteil, sie übernehmen die Vorstellung vom gleichmäßigen Fortschritt. Im Jahre 1869 behauptet HUXLEY, daß praktisch kein Geologe seiner Zeit noch den Uniformitarismus in seiner „absoluten" Ausprägung verteidigt. Für HUXLEY widerspräche die Unendlichkeit der geologischen Zeit dem 2. Hauptsatz der Thermodynamik und auch dem Geschichts-Begriff.

---

[7]   Siehe Kap. 1 und auch: HALLAM, ANTHONY (1983): Great Geological Controversies. – Oxford University Press.

[8]   Siehe DOTT, R. & BLATTEN, R. (1981): Evolution of the Earth. – New York (McGraw-Hill).

Weder die Impakte, noch die katastrophalen Vulkaneruptionen haben in der Sicht LYELLS einen Platz. ERIC BUFFETAUT[9] weist darauf hin, daß in der Kontroverse zwischen CUVIER und LAMARCK indessen nicht nur ein rückschrittlicher Fixismus und eine aufkeimende Evolutionstheorie aufeinanderstießen. Auch wenn es, abgesehen von seinem gefälligen Stil, für CUVIER spricht, daß seine Methode strikter war, so sind es im allgemeinen doch die Uniformitaristen, die im Laufe des 19. Jahrhunderts die Werkzeuge und Praktiken der modernen Geologie entwickeln werden. LYELL hatte recht, als er seine Methoden auf dem Aktualitätsprinzip aufbaute und es ablehnte, sich auf übernatürliche Kräfte zu berufen. Sein anspruchsvoller und sogar radikaler Uniformitarismus war taktisch vielleicht notwendig, um den Anhängern des Katastrophismus scharf zu widersprechen. Und dennoch hatte CUVIER nicht unrecht, als er die Realität und die Bedeutung von gewissen Katastrophen hervorhob. Aber es wäre ohne Zweifel verheerend gewesen, wenn man zu bald erkannt hätte, daß er recht hatte. Wenn die Wirklichkeit plötzlicher Ereignisse, die ohne Äquivalent in der Gegenwart sind, schon am Ende des 18. Jahrhunderts anerkannt worden wäre, hätten sich viele bei jeder Gelegenheit auf große unbeweisbare Phänomene berufen. Eine Entdeckung muß im richtigen Augenblick gemacht werden.

Die unterbrochene Linie oder das rechtwinklige Spalier

In einem vor kurzem erschienenen Aufsatz aus Anlaß des 21. Geburtstages der Theorie des Punktualismus[10] merken GOULD und ELDREDGE, die Hauptautoren dieser Theorie, an, daß in den Naturwissenschaften alle großen Theorien auf häufigen Wiederholungen ein und derselben Beobachtung gründen, daß diese aber nicht zwangsläufig ihre Ausschießlichkeit begründen. Ist also der Gradualismus für die Evolution bestimmter Arten gut belegt, so gilt das für die Theorie des Punktualismus bei anderen. Die Frage zielt darauf ab, welche Theorie hinreichend häufig verwirklicht ist, um der Geschichte des Lebens ihren Stempel aufzudrücken. GOULD und ELDREDGE halten nicht damit hinterm Berg, daß ihrer Ansicht nach die Beobachtung dazu führt, ihrer Theorie den Vorzug zu geben. Ich kann nicht umhin, eine Parallele zu unseren beiden Katastrophentheorien über das Massensterben zu ziehen, der „langsamen" Theorie der Manteldiapire und der „schnellen" Theorie der Asteroiden. Die beiden schließen einander nicht aus. Und wenn man bei so kleinen Zahlen von Häufigkeit reden kann, ahnt der Leser schon, wo meine Präferenz liegt, oder, genauer ausgedrückt, welche mir auf der Grundlage von 7:1[11] aussagekräftiger erscheint, um die großen Neuorientierungen des Lebens auf der Erde zu verstehen.

Wie GOULD und ELDREDGE es ausdrücken, „hat die zeitgenössische Wissenschaft nachhaltig die Begriffe der Unbestimmtheit, des Zufalls in der Geschichte, des Chaos und der Punkthaftigkeit an die Stelle der früheren Konzepte eines allmählichen, fort-

---

[9] op.cit.

[10] Engl. „punctuated equilibria" = „durchbrochene Gleichgewichte". Diese Theorie erklärt das Fehlen fossiler intermediärer Formen zwischen zwei verschiedenen Arten, die voneinander abstammen, nicht durch unzureichende und vollständige sedimentäre Überlieferung, sondern dadurch, daß sich die Evolution in einzelnen, raschen Phasen vollzieht. Diese seien durch sog. „Stasen" getrennt, die länger dauern und in deren Verlauf die elterliche Form fast ohne Veränderung weiterlebt, und ohne daß es zu schrittweisen Umwandlungen käme. Der Stammbaum der Evolution gleicht also mehr einem rechtwinkligen Spalierbaum. – Siehe z.B. GOULD, STEPHEN (1991): Zufall Mensch. – München (Hanser).

[11] Eigentlich eher sieben (Trapps) *und* ein (Impakt).

schreitenden und voraussagbaren Determinismus gesetzt"[12]. Bei den Massensterben hat es in der Tat oft Arten erwischt, die sehr gut an ihr Milieu angepaßt waren, zumindest soweit dieses „normal und nicht extrem" war. Die Darstellungen von müden, unangepaßten, überholten, dummen, zu großen, zu langsamen, zu gefräßigen Dinosauriern, deren Eier viel zu zerbrechlich waren, wie sie von den Medien verbreitet werden, ermangeln jeder ernsthaften Grundlage. Zahlreiche dieser großen Saurier waren sehr wohl die Herrscher über ihre Welt, und einige ihrer Arten waren dazu ausgestattet, nahezu alles auszuhalten, außer, was der Himmel ihnen auf den Kopf fallen ließ. Unter solchen (geophysikalischen oder astrophysikalischen) Bedingungen zu verschwinden, war eben Pech. War ihr Verschwinden aber einmal besiegelt, nahm die Evolution ihre „Experimente" auf das Schönste wieder auf, und die Fortsetzung wurde a priori unvorhersehbar, unumgänglich.

Die Ergüsse der Trappbasalte, die zumindest teilweise für die wesentlichen Aussterbeereignisse verantwortlich sind, führten zu einem tiefen Einschnitt in der Geschichte der Evolution der Arten – vielleicht unter Mitwirkung eines zufälligen Asteroiden. Auf diese Weise liefern sie ein ausgezeichnetes Beispiel für das Zufalls-Modell, welches GOULD für die berühmte kambrische Fauna der über 500 Mio. Jahre alten Burgess-Schiefer[13] entwickelte. In diesen Schiefern aus den kanadischen Rocky Mountains findet man vorzügliche Abdrücke von den Weichteilen[14] mariner Tiere. Diese bezeugen, daß es damals Baupläne gab, die sich von den Organismen, die seither und bis in unsere Tage die Erde bevölkern, stark unterscheiden. Von den mindestens 25 verschiedenen Bauplänen, die sich im Kambrium schnell entwickelt hatten, werden nur vier eine Nachkommenschaft haben, und nichts ließ deren zukünftigen Erfolg vorhersagen. Einer dieser Baupläne, *Pikaia*, ein Chordate[15] mit dem Aussehen eines Wurmes, ist vielleicht der gemeinsame Vorfahre aller Wirbeltiere. Nichts deutet daraufhin, daß diejenigen, die verschwunden sind – durch eine Katastrophe, von der man noch keine Spur gefunden hat – schlechter an die kambrische Welt angepaßt waren als die wenigen Überlebenden. Gleich einer unterbrochenen Linie scheint die Evolution im Sinne des Darwinismus, über eine sehr lange Zeit betrachtet, punkthaft akzentuiert zu sein durch Katastrophen, die gewisse Experimente, auch wenn sie sehr gelungen sind, auslöschen und den Weg für andere frei machen. Das alles erinnert an den Mechanismus der „durchbrochenen Gleichgewichte"[16], der für einen wesentlich kürzeren Zeitmaßstab gültig ist.

Zusammen mit anderen, darunter WALTER ALVAREZ, habe ich vorgeschlagen, den überkommenen Ausdruck vom „Überleben des Tüchtigsten" durch den in meinen Augen angemesseneren Begriff vom „Überleben des Glücklichsten" zu ersetzen – zumin-

---

[12] Siehe Fußnote 10 und S. GOULD (op. cit.). – Im Vorwort dieser Ode an die „Kontingenz" erklärt GOULD die Wahl seines Titels „Wonderful life" („Das Leben ist schön"), den auch FRANK CAPRA für einen Film (It's a wonderful life. – deutsch: Ist das Leben nicht wundervoll?) wählte. Der Schutzengel der Hauptfigur, von JIMMY STEWART verkörpert, spielt ihm den Film des Lebens noch einmal vor, als ob es nicht existiert hätte: Er zeigt ihm, zu welchen bemerkenswerten Änderungen der Geschichte ein scheinbar so unbedeutendes Ereignis geführt hätte. Für den französischen Kinoliebhaber liefern die beiden Filme „Smoking" und „No smoking" von ALAIN RESNAIS ein weiteres gutes Beispiel. Darin führt eine so kleine Tat wie der Entschluß, eine Zigarette zu rauchen, zu einer Flut von grundverschiedenen Ereignissen.

[13] Siehe Fußnote 10.

[14] Deren Erhaltung sehr selten ist.

[15] Die Chordaten sind Organismen, bei denen zumindest die Embryonen eine Chorda haben; an ihre Stelle tritt später die Wirbelsäule.

[16] Es handelt sich um eine Art von verschachteltem System.

dest für diesen großen Zeit-Maßstab und für diese größeren Epochen, in denen sich das gesamte Aussehen des Lebens auf der Erde verändert. Die Überlebenden sind zur Zeit der Krisen gewiß tauglicher; aber diese Krisen entsprechen nicht den Langzeitbedingungen, unter denen sie sich ehemals entwickelt hatten. Man kann nicht von einer Anpassung an äußerst seltene Phänomene sprechen.

Das System Erde

Die Verschmelzung von Ideen, die ich in diesem Buch erörtert habe, und die seit 1980 die Erdwissenschaften belebt, ist ein Zeichen für deren gute Gesundheit. Daraus ist eine Fülle von Aufsätzen entstanden, weit über 2000, daß es praktisch unmöglich geworden ist, eine vollständige Bibliographie weiterzuführen. Diese verschiedenen Vorstellungen, ihre Verteidigung und ihre Ablehnung führten zur Gewinnung neuer Daten und zur Entwicklung immer genauerer Analysemethoden. Mit der Zeit wird man gewisse Vorstellungen aufgeben können. Aber die Beobachtungen und die qualitativ guten Messungen werden eine unersetzbare Errungenschaft bleiben, und bei jeder neuen Theorie wird man sie berücksichtigen müssen. Das gilt für die anomalen Iridium-Konzentrationen oder die geschockten Quarze und Zirkone ebenso wie für die Altersbestimmungen der Trapp-Basalte, die Entdeckung der Heftigkeit ihrer Eruptionen und ihrer geodynamischen Bedeutung. Muß man nicht dem alles in allem ganz optimistischen Standpunkt DARWINS folgen, der schrieb: „Die falschen Tatsachen sind für den Fortschritt der Wissenschaft in hohem Maße schädlich, wo sie sich oft lange halten; aber die falschen Gedanken, selbst wenn sie durch einige Beobachtungen gestützt werden, richten nur wenig Schaden an; denn es bereitet jedem eine wohltuende Freude zu zeigen, daß sie falsch sind; und wenn dieses passiert, wird ein Weg zum Irrtum verschlossen und die Straße zur Wahrheit wird oft gleichzeitig geöffnet"?

Seit 1980 hatte der Aufsatz der beiden ALVAREZ eine andere glückliche Konsequenz, eine ganz reale Übung in Interdisziplinarität. Zum Verständnis der physikalischen, chemischen und biologischen Ereignisse zum Zeitpunkt großer Massensterben müssen zahlreiche Disziplinen beitragen. Alle Sparten der Geologie (u.a. die Sedimentologie, die Stratigraphie, die Paläontologie, der Mineralogie, der Geochemie und der Geochronologie, der Geophysik, aber auch die Biochemie, die Organische Chemie, die Atomphysik, die Astrophysik, die Festkörperphysik, die Strömungsmechanik, die Stoßwellenmechanik, zahlreiche Zweige der Angewandten Mathematik und der Informatik, die Wissenschaften von den Ozeanen und von der Atmosphäre haben Beiträge geliefert, und diese Liste ist zweifellos noch unvollständig. Es ist fortan nicht mehr erlaubt, die Sprache dieser Disziplinen[17] zu ignorieren, noch die Beiträge, die sie zu liefern vermögen; gleichzeitig ist es aber unmöglich, sie selbst zu beherrschen: Es ist eine unangenehme Rolle, in der man dazu verdammt ist, eine extreme Spezialisierung (die der eigenen Disziplin) mit einer oberflächlichen, aber erforderlichen Kenntnis der Mehrzahl der anderen Disziplinen in Einklang zu bringen. Dieses Werk ist dafür ein Beispiel: als Paläomagnetiker habe ich mich auf unsicheres Gelände gewagt, wo es für andere zweifel-

---

[17] Häufig stellt man exakte und nichtexakte Wissenschaftsdisziplinen einander gegenüber und spielt dabei im besonderen auf die Geisteswissenschaften an. Vor einigen Jahren schlug ich vor, sie durch das Begriffspaar „sciences inhumaines"/„sciences molles" inhumane/weiche Wissenschaften) zu ersetzen. DAVID RAUP spricht über die Geologie, wenn er mit Humor schreibt, daß es angenehmer sei, Forschung in einer der „schwierigen" Wissenschaften zu betreiben als in einer, die man im Französischen und Englischen gemeinhin als „hart" bezeichnet.

los leicht ist, mich von der Fährte abzubringen. Aber man muß den Schritt wohl oder übel gehen oder ohne alle Hoffnung in die Interdisziplinarität untergehen.

In unseren Geowissenschaften sind, wie andernorts auch, Abkapselungen schädlich. Jeder muß – auf seinem eigenen Spezialgebiet – imstande sein, neue Daten beizusteuern, die verläßlich und anderen nützlich sind. So kauft er gewissermaßen das Recht, mit seinen Kollegen, die häufig aus anderen Disziplinen stammen, die vorgeschlagenen Modelle zu diskutieren, kurzum, bei diesem so aufregenden Spiel, das die Forschung darstellt, mitzuspielen. Welche Chance und welches einmalige Abenteuer für einen jungen Studenten, an einer wissenschaftlichen Revolution, sei sie groß oder klein, teilzuhaben und zu erleben, wie das Wissen, das man für gesichert hielt, teilweise in Frage gestellt wird! So hat meine Generation die Revolution der Plattentektonik erlebt, die moderne Version der Kontinentalverschiebung. Aber es bleiben noch viele Probleme von großer Bedeutung, die noch keine Lösung erfahren haben; und der Neuankömmling muß nicht fürchten, daß die Disziplin während dieser weniger aufregenden Phase der Konsolidierung eines neuen Paradigmas allmählich abstirbt oder zum Stocken kommt. Hotspots, Impakte, Umkehrungen des Erdmagnetfeldes, dramatische und kurzzeitige Ereignisse werden fortdauernd die ruhige Oberfläche der Geodynamik stören, die sich etabliert hat. Es gibt so viele instabile, intermittierende Phänomene, die zu jenen neuen Überlegungen führen, die übrigens die Bezeichnung deterministisches Chaos tragen...

Das „System Erde" erscheint als große Einheit. Rotation der Erde, Turbulenzen im flüssigen Teil ihres Kerns, Umwälzungen in ihrem Mantel, Vulkanismus und Klima, schließlich die Entwicklung des Lebens, alle diese dynamischen Äußerungen hängen vielleicht auf irgendeine Art miteinander zusammen. In welchem Zeitmaßstab sind diese Verknüpfungen am ehesten ausschlaggebend? Auf welche Variationen reagiert das Klima am empfindlichsten? Tausende von Kreisbahnen nach MILANKOVIĆ, Jahrhunderte oder Jahrzehnte dauernde vulkanische Eruptionen und menschliches Handeln, die Sekunde eines Impaktes? In der langen Geschichte der Evolution, die zu der uns bekannten Welt führte, erscheint die Rolle des Zufalls genauso bestimmend wie die der Notwendigkeit. Kein Zweifel, das Fest geht weiter, und noch viele Geheimnisse wollen gelüftet sein.

Literatur

ABRAMOVICH, S. et al. (1998): Decline of the Maastrichtian pelagic ecosystem based on planktonic foraminifera assemblage change: Implications for the terminal Cretaceous faunal crisis. – Geology, 26, 1:63–66; Boulder.

ALEXANDER, R.MCL. (1998): All-time giants: the largest animals and their problems. – Palaeontology, 41, 6:1231–1245; London.

ALLÈGRE, C. (1983): L'Écume de la Terre. – Paris (Fayard).

ALLÈGRE, C. (1985): De la pierre à l'étoile. – Paris (Fayard).

ALLÈGRE, C. (1992): Introduction à une histoire naturelle. – Paris (Fayard).

ANONYMUS (1999): Der komplexe Motor der Plattentektonik. Austausch zwischen oberem und unterem Erdmantel größer als angenommen. – NZZ, 7.04.1999, Nr. 79, S. 49; Zürich.

BÄSEMANN, HINRICH (1996): Dinosaurier dem Vulkanismus erlegen? – FAZ, 28.IX.1996.

BAKSI, A.K. (1999): Reevaluation of plate motion models based on hotspot tracks in the Atlantic and Indian Oceans. – J. Geol., 107:13–26; Chicago.

BARDINTZEFF, J.-M. (1999): Vulkanologie. – Stuttgart (Enke im Georg Thieme Verlag).

BRALOWER, TH. J.; PAULL,CH. K. & LECKIE, R. M. (1998): The Cretaceous-Tertiary boundary cocktail: Chicxulub impact triggers margin collapse and extensive sediment gravity flows. – Geology, 26, 4:331–334; Boulder.

BRINKMANNS Abriß der Geologie, Bd. 2, Historische Geologie (neu bearb. v. K. KRÖMMELBEIN), 14. Aufl. (durchgesehen von F. STRAUCH). – Stuttgart (Enke).

BUFFETAUT, E. (1991): Des fossiles et des hommes. – Paris (Laffont).

BULLOCK, M.A. & GRINSSPOON, D.H. (1999): Klima und Vulkanismus auf der Venus. – Spektrum der Wissenschaft, 5/1999:38–47.

CHALINE, J. (1999): Paläontologie der Wirbeltiere. – Stuttgart (Enke im Georg Thieme Verlag).

CHRISTENSEN, U. (1998): Fixed hotspots gone with the wind. –Nature, 391:739–740; London.

DECKER, B. & DECKER, R. (1992): Vulkane. – Heidelberg (Spektrum).

DONOVAN, S.K. (1989): Mass extinctions. – Stuttgart (Enke).

DOTT, R. & BATTEN, R. (1981): Evolution of the Earth. – New York (McGraw-Hill).

DRESSLER, B.O. & SHARPTON, V.L. (eds., 1999): Impact cratering and planetary evolution, II. – Geological Society of America Spec. Paper, 339. – Boulder.

DROSSER, M.L.; BOTTJER, D.LJ. & SHEEHAN, P.M. (1997): Evaluating the ecological architecture of major events in the Phanerozoic history of marine invertebrate life. – Geology, 25, 2:167–170; Boulder.

ERBEN, H.K. (1990): Evolution (Haeckel-Bücherei, Bd. 1). – Stuttgart (Enke).

FAUL, H. & C. (1983): It began with a stone. – New York (John Wiley).

FINNEY, STANLEY C. et mult. (1999): Late Ordovician mass extinction: A new perspective from stratigraphic sections in Central Nevada. – Geology, 27, 3:215–218; Boulder.

GEORGE, R. et al. (1998): Earliest magmatism in Ethiopia: Evidence for two mantle plumes in one flood basalt province. – Geology, 26, 10:923–926; Boulder.

GERSONDE, R. et mult. (1997): Geological record and reconstruction of the late Pliocene impact of the Eltanin asteroid in the Southern Ocean. – Nature, 390:357–363; London.

GLEN, W. (1994): Mass Extinction Debates: how Science works in a crisis. – Stanford (Stanford University Press).

124   Literatur

GLIKSON, A.Y. (1999): Oceanic mega-impacts and crustal evolution. – Geology, 27, 5:387–390; Boulder.

GOULD, ST. (1991): Zufall Mensch. Das Wunder des Lebens als Spiel der Natur. – München (Hanser).

GRADY, M.M. et al. (eds., 1998): Meteorites: Flux with time and impact effects. – Geol. Soc. London Spec. Publication, **140**. – London.

HALLAM, A. (1983): Great Geological Controversies. – Oxford (Oxford University Press).

HALLAM, A. (1999): Discussion on oceanic plateau formation: a cause of mass extinction and black shale deposition around the Cenomanian-Turonian boundary.   – J. Geol. Soc. London, 156:208; London.

HALLAM, A. & WIGNALL, P.H. (1997): Mass extinction and their aftermath. 320 S.; Oxford University Press.

HALLIDAY, A.N. (1999): Unmixing Hawaiian cocktails. – Nature, 399:733-734; London.

HART, R.J. et mult. (1997): Late Jurassic age for the Morokweng impact structure, southern Africa. – Earth and Planetary Science Letters, 147:25–35.

HOUGH, R.M. et mult. (1997): Diamonds from the iridium-rich K-T-boundary layer at Arrajo el Mimbral, Tamaulipas, Mexico. – Geology, 25, 11:1019-1022; Boulder.

JABLONSKI, D. (1997): Progress at the K-T boundary. – Nature, 387:354–355; London.

JAEGER, J.J. (1995): Les Fossiles et les leçons du passé. – Paris (Odile Jacob).

KAIHO, K. & LAMOLDA, M.A. (1999): Catastrophic extinction of planktonic foraminifera at the Cretaceous-Tertiary boundary evidenced by stable isotopes and foraminiferal abundance at Caravaca, Spain. – Geology, 274:355-358; Boulder.

KAUFMANN, E.G. & WALLISER, O.H. (1990): Extinction events in earth history. – Heidelberg (Springer).

KELLER, G. & STINNESBECK, W. (1996): Near-K-T-age of clastic deposits from Texas to Brasil: Impact, volcanism and/or sea-level lowstand? – Terra Nova, 8:277–285; Oxford.

KELLER, G. et mult. (1997): The Cretaceous-Tertiary boundary event in Ecuador: reduced biota effects due to eastern boundary current setting. – Marine Micropaleontology, 31 (1997):97–133; New York.

KELLER, G. et mult. (1998): The Cretaceous-Tertiary transition on the shallow Saharan platform of Southern Tunisia. – Geobios, 30, 7: 951–975; Villeurbanne.

KERR, A.C. (1998): Oceanic plateau formation: a cause of mass extinction and black shale deposition around the Cenomanian-Turonian boundary. – J. Geol. Soc., 155, 4:619–626; London.

KHADKIKAR, A.S. et al. (1999): The influence of Deccan volcanism on climate: insights from lacustrine intratrappean deposits, Anjar, western India. – Palaeo-3, 147, 1–2:141–149; Amsterdam.

KOEBERL, C. & ANDERSON, R.R. (eds., 1996): The Manson impact structure: Anatomy of an impact crater. – Geol. Soc. America Spec. Paper, **302**. – Boulder.

KOEBERL, C. et al. (1997): Morokweng, South Africa: A large impact structure of Jurassian-Cretaceous boundary age. – Geology, 25, 8:731–734; Boulder.

KYTE, F. (1996):   A piece of the KT bolide? – Lunar and Planetary Science, 27:717–718.

LARSON, R.L. (1997) Superplumes and ridge interactions between Ontong Java and Manihiki Plateaus and the Nova Canton Trough. – Geology, 25, 9:779–782.

LEHMANN, U. (1990): Ammonideen (Haeckel-Bücherei, Bd. 2). – Stuttgart (Enke).

LEHMANN, U. (1996): Paläontologisches Wörterbuch, 4. Aufl. – Stuttgart (Enke).

LEHMANN, U. & HILLMER, G. (1997): Wirbellose Tiere der Vorzeit, 4. Aufl. – Stuttgart (Enke).

LI, L. & KELLER, G. (1998): Abrupt deep-sea warming at the end of the Cretaceous. – Geology, 26, 11:995–998; Boulder.

MACLEOD, N. et mult. (1997): The Cretaceous-Tertiary biota transition. – J. Geol. Soc., 154:265–292; London. (cf. Discussion [J. D. HUDSON] and Reply [MACLEOD], J. Geol. Soc. London, 155 [1998]: 413–419; London).

MARSHALL, C. R. (1998): Mass extinction probed. – Nature, 392:17–20; London.

MORGAN, J. & WARNER, M. (1999): Chicxulub: The third dimension of a multi-ring impact basin. – Geology, 27, 5:407–410; Boulder.

MORGAN, J.V.; WARNER, M.R. and the Chicxulub Working Group (1997): Size and morphology of the Chicxulub impact crater. – Nature, 390:472–476; London.

MURAWSKI, H. & MEYER, W. (1998): Geologisches Wörterbuch, 10. Aufl. – Stuttgart (Enke).

NOEHR-HANSEN, H. & DAM, G. (1997): Palynology and sedimentology across a new marine Cretaceous – Tertiary boundary on Nuussuaq, Western Greenland. – Geology, 25, 9:851–854; Boulder.

OFFICER, C. & PAGE, J. (1993): Tales of the Earth: Paroxysms of the Blue Planet. – Oxford (Oxford University Press).

OLSSON, R.U. et mult. (1997): Ejecta layer at the Cretaceous-Tertiary boundary, Bass river, New Jersey (Ocean Drilling Programm Leg 174AX). – Geology, 25, 8:759–762; Boulder.

OPPLIGER, G.L. et al. (1997): Is the ancestral Yellowstone hotspot responsible for the Tertiary „Carlin" mineralization in the Great Basin of Nevada? – Geology, 25, 7:627–630; Boulder.

PECHEUX, M. & MICHAUD, F. (1997): Yucatan subsurface stratigraphy: Implications and constraints for the Chicxulub impact: Comment and Reply. – Geology, 25, 1:92–93 & 93 (KELLER & STINNESBECK); Boulder.

PIERRARD, O. et al. (1998): Extraterrestrial Ni-rich spinell in upper Eocene sediments from Massiquano, Italy. – Geology, 26, 4:307–316; Boulder.

POIRIER, J.-P. (1991): Les Profondeurs de la Terre. – Paris (Masson).

POLLITZ, F.F. (1999): From rifting to drifting. – Nature, 398:21–22; London.

RACKI, G. (1998): Frasnian – Famennian biotic crisis: undervalued tectonic control? – Palaeo-3, 141:177–198; Amsterdam.

RAMPINO, M.R. & ADLER, A.C. (1998): Evidence for abrupt latest Permian mass extinctions of foraminifera: Results of tests for the Signor-Lipps effect. – Geology, 26, 5:415–418; Boulder.

RAUP, D. (1986): The Nemesis Affair: a Story of the Death of Dinosaurs and the Ways of Science. – New York (W. W. Norton).

RAUP, D. (1993): De l'extinction des espèces: sur les causes de la disparition des dinosaures et de quelques milliards d'autres. – Paris (Gallimard).

REMANE, J. et al. (1999): International workshop on Cretaceous-Paleogene transitions in Tunisia: The El Kef stratotype for the Cretaceous-Paleogene boundary reconfirmed. – Episodes, 22, 1:47–48.

RENAUD, S. & GIRARD, C. (1999): Strategies of survival during extreme environmental perturbations: evolution of conodonts in response to the Kellwasser-crisis (Upper Devonian). – Palaeo-3, 146:19–32; Amsterdam.

RETALLACK, G. J. et al. (1998): Search for evidence of impact at the Permian-Triassic boundary in Antarctica and Australia. – Geology, 26, 11: 979–982; Boulder.

RYDER, G.; FASTOVSKY, D. & GARTNER, S. (eds., 1996): The Cretaceous – Tertiary event and other catastrophes in Earth history. – Geol. Society of America Spec. Paper, 307. – Boulder

SANDER, M. (1994): Reptilien (Haeckel-Bücherei, Bd. 3). – Stuttgart (Enke).

SCHULTZ, P.H. & D'HONDT, ST. (1996): Cretaceous-Tertiary (Chicxulub) impact angle and its consequences. – Geology, 24, 11:963–967; Boulder.

SIMONSON, B. et mult. (1998): Iridium anomaly but no shocked quartz from Late Archean mikrokrystite layer: Oceanic impact ejecta? – Geology, 26, 3:195–198; Boulder.

SMITH, A.B. & JEFFERY, C.H. (1998): Selectivity of extinction among sea urchins at the end of the Cretaceous period. – Nature, 392, 69–71; London.

SPEIJER, R.P. et al. (1997): Benthic foraminiferal extinction and repopulation in response to latest Paleocene Tethyan anoxia. – Geology, 25, 8: 683–686; Boulder.

STANLEY, S.M. (1989): Krisen der Evolution. – Heidelberg (Springer).

STANLEY, S.M. (1994): Historische Geologie. – Heidelberg (Spektrum).

STANLEY, S.M. (1998): Wendemarken des Lebens. Eine Zeitreise durch die Krisen der Evolution. – 248 S.; Heidelberg (Spektrum-Verlag).

TAQUET, P. (1994): L'Empreinte des dinosaures. – Paris (Odile Jacob).

VONHOF, H.B. & SMIT, J. (1997): High-resolution late Maastrichtian - early Danian oceanic ^{87}Sr/ ^{86}Sr record: Implications for Cretaceous-Tertiary boundary. – Geology, 24, 4:347–350, Boulder.

WALLISER, O.H. (1996): Global Events and event stratigraphie. – Heidelberg (Springer).

WARD, P. (1994): The End of Evolution: on Mass Extinctions and the Preservation of Biodiversity. – New York (Bantam Books).

WIDMER-SCHNIDRIG, R. (1999): Free oscillations illuminate the mantle. – Nature, 398:292–293; London.

Sachverzeichnis

$^{12}C/^{13}C$ 72
$^{207}Pb/^{206}Pb$ 31
^{29}R 22, 43
$^{236}U/^{238}U$ 30

A

Aasfresser 56
Abatomphalus mayaroensis 42
Ablagerungen 4, 18, 93 f., 98 f., 109
Ablagerungsmilieu 27, 99
Abschiebung 34
ACHACHE, JOSÉ XI, 35, 62
adiabatisch 89
Aerosol 23, 48, 50 f., 77, 110, 113
Afar 59, 62, 65 f., 75
Afar-Dreieck 57
Afrika 13, 52 f., 66 f., 75
Afrikanische Platte 61, 65
AGASSIZ 4
AGU 47
Agung 48
Ägypten 3
AHRENS, TOM 82, 93, 96
Aktualismus 4 f., 117
Aktualitätsprinzip 4, 118
Aleuten 61
Algen 46, 55
ALLÈGRE, CLAUDE VII, XI, 7, 31, 34 f., 52, 83, 114
Allesfresser 12
Alpen 27, 34, 71
Alter der Erde 7
Altersbestimmung 31, 76, 96, 110, 120
ALVAREZ, LUIS VII f., 17 f. 24, 27, 46, 50, 103, 105 f.
ALVAREZ, WALTER 17, 23, 54, 80, 94, 102, 106, 119
ALVAREZ, Vater & Sohn VII f., 25, 35, 45, 82, 97, 108, 120
Ammoniten IX, 1 f., 13, 71 f.
Ammonoidea 1, 72
amorphes Glas 30, 52
Amphibien 1, 12, 56, 71
Analysemethode 31, 120
Analysetechnik 18

ANDERS, ED 32
ANDERSON, DON 68, 83
Andesit 38
Angiospermen 12
Anhydrit 96
Animalia 1
Anomalie 43, 51, 67, 109
Anomalie, magnetische 19 f., 85, 97
anoxic event (engl.) 80
anoxisch 75
Anpassung 56, 120
Anpassungsfähigkeit 4
Anreicherungsprozeß 27
Antarktis 49, 51, 67, 75, 81, 114
Anthropozentrismus 107
Antimon 32, 52
Anziehungskraft 7
Apennin 17
Apt 75, 77
Ära, Ären VIII, 2, 3, 5, 90, 91
Archive IX, 74
Arduino, G. 8
ARGAND, EMILE 33 f.
Argon 19, 42
Ar/Ar-Verfahren 42
Argumentation 47, 105
Arizona 25
Arroyo el Mimbral 94
Arsen 32, 52
Art, Arten VIII, IX, X, 1ff, 10f, 13 ff., 16, 19, 21, 23, 27, 32, 49 ff., 54 ff., 59, 62, 68, 71 ff., 74, 77, 84, 91, 102, 105 f., 108, 110 f., 113,ff., 118 f., 121
Arten, Entwicklung der 7
Artenvielfalt 8, 13
ASARO, FRANK 17, 72, 102
Aschen 48, 51, 53, 73, 95, 110
Aschenlage 53
Aschenwolke 50
Asien 32 ff., 38, 71, 81
Asteroid 18, 23, 96, 107
Asteroiden-Bombardement 26
Asteroiden-Gürtel 97
Asteroiden-Impakt 17
Asthenosphäre 82
Astronom 18, 80

Astrophysiker 24, 105
Äthiopien 75, 108
Atlantik 74
Atmosphäre X, 23, 28, 31 f., 46 ff., 53 f., 56, 72, 77, 81, 98, 113, 120
Atomkrieg 5
Atomphysik 22, 120
AUBERT, GUY XI, 34
Aufschmelzen 66 f.
Auslöschung VIII, 8, 10 ff., 16, 27, 56, 74, 115
Auslöschungsereignis 109
Auslöschungsphase 7
Auslöschungsrate 8, 10, 27
Aussterbe-Ereignis 76, 78
Aussterben VIII f., 7, 11, 13, 54, 76, 115
Aussterberate 115
Australien 13, 28, 67, 81, 86
Australinseln 61
Auswurfmassen 23, 49, 94, 98

B

BAADSGAARD 96
BAKKER, ROBERT 12
Bakterien 1, 27
Basalt 20, 28, 52, 63, 109
Basaltdecke 54
Basaltplateau 39ff, 54, 58, 64, 68, 77
Basaltprovinz 66, 76
Baskenland 13
BASU, ASISH 73
Beagle 4
BEAUMONT, ELIE DE 3
Begeisterung X
Belege 11, 28, 49, 51, 54, 99
Beloc 94, 96, 99
Bentonit 100
Beobachtungen 4, 8, 10, 13, 22, 25, 34, 42, 50, 54, 85, 88, 94, 96, 99 f., 102, 105 ff., 109, 117, 120
Beobachtungsreihe 79
Beobachtungszeitraum 27
Berkeley 17 f., 73, 80, 106
BESSE, JEAN 35, 39, 85
Bestandsaufnahme 13
Big Boulder-Bed 98